退役动力锂电池再生利用蓝皮书

Blue Book on the Recycling of Spent Power Lithium–Ion Batteries

材料科学姑苏实验室

生态环境部固体废物与化学品管理技术中心　　**编著**

苏州博萃循环科技有限公司

科学技术文献出版社
SCIENTIFIC AND TECHNICAL DOCUMENTATION PRESS
·北京·

图书在版编目（CIP）数据

退役动力锂电池再生利用蓝皮书=Blue Book on the Recycling of Spent Power Lithium-Ion Batteries / 材料科学姑苏实验室，生态环境部固体废物与化学品管理技术中心，苏州博萃循环科技有限公司编著. —北京：科学技术文献出版社，2022.9

ISBN 978-7-5189-9321-5

Ⅰ.①退… Ⅱ.①材… ②生… ③苏… Ⅲ.①动力—锂电池—废物综合利用—研究报告—中国 Ⅳ.① X773

中国版本图书馆 CIP 数据核字（2022）第 114975 号

退役动力锂电池再生利用蓝皮书

策划编辑：孙江莉　　　责任编辑：孙江莉　　　责任校对：张吲哚　　　责任出版：张志平

出　版　者	科学技术文献出版社	
地　　　址	北京市复兴路15号　邮编 100038	
编　务　部	(010) 58882938，58882087 (传真)	
发　行　部	(010) 58882868，58882870 (传真)	
邮　购　部	(010) 58882873	
官方网址	www.stdp.com.cn	
发　行　者	科学技术文献出版社发行　全国各地新华书店经销	
印　刷　者	北京时尚印佳彩色印刷有限公司	
版　　　次	2022 年 9 月第 1 版　2022 年 9 月第 1 次印刷	
开　　　本	710×1000　1/16	
字　　　数	236 千	
印　　　张	14.75	
书　　　号	ISBN 978-7-5189-9321-5	
定　　　价	88.00 元	

编 委 会

序

随着世界气候变暖加速，全球主要汽车和能源大国都加快了低碳化转型。我国新能源汽车产业快速发展，已成为引领全球电动化转型的重要力量。在中国汽车工业百年变局和"双碳"目标下，持续推进新能源汽车产业全生命周期绿色低碳化发展，对我国具有重要战略意义。

新能源汽车产业高速发展的过程中，机遇与挑战并存。作为新能源汽车的核心零部件，动力锂电池制造所需的关键金属，如锂、镍、钴等，我国对外依存度高，在错综复杂的国际环境中存在战略资源供给风险。此外，动力电池生命周期远低于新能源汽车正常使用寿命。当下，我国已经迎来规模化动力锂电池的"退役潮"。然而，目前国内尚未形成完善的动力电池回收处理体系，大量废旧电池得不到妥善处理处置，存在严重的安全与环境风险。因此，为保障新能源汽车产业的供应链顺畅与绿色可持续发展，加快建设动力电池回收利用体系已然迫在眉睫。

随着动力锂电池回收行业规模进一步壮大，且电池中金属资源价值持续高升，预计将会有越来越多的企业，加入到电池回收这条赛道。《退役动力锂电池再生利用蓝皮书》概述了锂电池及其再生利用行业的发展现状与趋势，有望为新入局电池回收行业的相关企业提供基本的技术领域认知。同时，该书从行业案例、政策法规及新应用场景等多个方面，对锂电池回收行业进行全方位详实介绍。最后，基于锂电池全生命周期的碳足迹分析，提出下一代绿色电池的设计思路，并对行业发展前景作出设想。该书的出版，还将有助于社会各界对电动汽车低碳化的理解与认识，推动学术及产业界对报废动力电池的关注与重视，共同促进新能源产业可持续发展。

曹宏斌　研究员

中国科学院化学化工科学数据中心主任

2022 年 4 月

前　言

2016 年以来，新能源革命席卷全球，到 2021 年，全球新能源汽车保有量超过 1500 万辆。随着交通运输电气化时代的到来，作为关键核心技术，动力锂电池的产销量均呈现出爆发式增长。2021 年全球动力锂电池装机量约为 300 GWh，同比增长 115%。随着首批新能源汽车投放市场已满 8 年，动力锂电池退役"小高峰"已经到来。2021 年，国内动力锂电池报废量已经超过 30 万吨（约 35 GWh），然而，其中大量废旧电池流入非正规企业，给社会带来巨大的环境和安全隐患。因此，加快建设退役动力锂电池再生利用，将成为新能源汽车产业健康可持续发展过程中的重要课题。

动力锂电池再生利用具有安全、环境、资源与区域性等多重属性：从安全层面来看，退役动力蓄电池处置不当存在触电、短路燃爆，以及氟化氢腐蚀等隐患；从环境层面看，存在镍钴铜锰等重金属污染和电解液等有机污染，回收过程可能会存在粉尘、废气、废水和废渣污染；从资源层面看，含有锂、镍、钴、锰等关键资源；从地域来看，存在着环保政策、回收渠道体系、电池类型和存量大小的不同，各地的回收工艺水平也相差很大。

《退役动力锂电池再生利用蓝皮书》（以下简称《蓝皮书》）结合动力锂电池产业现状，从动力锂电池回收技术与装备、行业典型案例、全生命周期分析、回收法规和应用新场景等多个方面，来展现全球退役动力锂电池回收行业发展现状和未来趋势。全书共七章，第一章以新能源汽车及动力锂电池的市场动态、动力锂电池关键材料现状及发展趋势开篇，结合动力锂电池关键金属原材料全球生产分布情况，通过模拟资源回收和不回收两种场景，对动力锂电池关键金属原材料做出供需分析；第二章主要介绍锂电池回收技术现状与发展，包括预处理、湿法回收、火法回收和直接修复再生等技术，同时也对工艺实现核心设备做了详细介绍；第三章针对全球范围内多个国家和地区的行业典型案例，进一步对锂电池回收产业化现状进行了全面介绍；第四章从全生命周期分析出发，比较了"火法回收"，"湿法回收"及"直接修复再生"技术的碳排放，并提出基于全生命周期碳排放分析的最佳动力锂电池回收技术展望；第五章凝练了世界各国关于锂电池回收过程的宏观法律法规、管理规范、技术标准及各国对电池回收行业的支持政策等，并就电池回收相关法律法规对未来行业影响做出分析；第六章总结了锂电池在两轮车、电动船、储能等新型应用场景中的概况，加之换电模式、平台化运营与个体消费者的使用频率、管理方式的差异，动力锂电池将会面对比目前更为巨量、更为细化分散的应用场景需求，必然需要更为多元化的技术路线，这也对动力锂电池回收过程提出更大挑战；第七章总结了锂电池再生利用技术未来重要的发展方向，针对不断完善的电池回收行业，对新能源汽车产业可能发生的行业变革作出设想，进一步完善建立锂电池材料在全生命周期的综合评价体系，并指导下一代锂电池的绿色设计。本书旨在从动力锂电池回收全产业链角度，分析资源供给、利用技术与装备、政策法规、产业上下游等多层面的发展现状，最终形成退役动力锂电池再生利用产业发展路线图，为新能源汽车产业的可持续发展提供关键支撑。

本书由材料科学姑苏实验室 G2116 项目研究团队、生态环境部固体废物与化学品管理技术中心和苏州博萃循环科技有限公司共同编著而成。基于大量文献和行业调研，第一章由李敏、常娜娜、吴彬、孟祥峰执笔（排名按章节内容先后顺序，下同）；第二章由刘刚锋、沙惠雨、李文峰、杨熙祖、张锋、张志华、赵金凤、常娜娜、翟仁文、杨晓、刘剑文、吴彬、陈晨日执笔；第三章由林晓、刘刚锋、吴彬、杨熙祖、陈鹏、黄晓燕执笔；第四章由吴彬、邓毅、付佳、李淑媛、王莹莹、刘子瑜执笔；第五章由王雪、张国斌、沈君怡、沙惠雨、戴圣然、侯贵光、王嵘、付佳、吴梦婷执笔；第六章由李顺峰、彭婧、李建宁、白南、戴圣然、郭晓玲、温嘉玮、吴昊执笔；第七章由林晓、刘刚锋、刘春伟、吴彬、常娜娜、鲍伟执笔；全书由林晓、王雪、刘刚锋、常娜娜、杨晓、王莹莹统稿修改。

最后，感谢所有参编单位和参编人员对本书出版作出的巨大贡献，感谢科学技术文献出版社孙江莉等编辑团队成员对本书出版的支持与帮助。由于编写组水平有限，书中难免会有纰漏之处，出现任何问题，责任由我本人承担，恳请广大专家和读者批评指正。

林　晓

2022 年 5 月

目　录

第一章　动力锂电池及关键材料的
现状与发展趋势

　　本章主要介绍了目前新能源汽车的市场规模、核心技术动力锂电池及关键原材料的现状和发展趋势。在双碳目标驱动下，全球各地区新能源汽车注册量呈现指数式爆发增长，动力锂电池的生产量与装机量也随之快速增加。动力锂电池关键材料主要包括正负极材料、隔膜和电解液等，其中正极材料直接决定整个电池的能量密度和成本，因而成为重点关注对象。全球动力锂电池龙头企业主要集中在中日韩等国，欧美等地区也正积极布局动力锂电池产业链。基于对长续航、高安全性新能源汽车的需求，未来动力锂电池将朝着高比能、全固态电池的方向发展。最后，基于动力锂电池关键金属原材料全球生产分布情况，模拟资源回收和不回收两种场景下金属原材料的供需关系，进一步对动力锂电池全产业链发展做出预测。

1.1　动力锂电池市场概况

　　锂离子电池（锂电池）1990 年从索尼公司发明诞生后，于 1991 年投放市场并进行商业化，开始了锂电池的飞速发展，在 2000 年以前，世界上的锂电池大部分都由日本生产[1-3]。到 1997 年，韩国锂二次电池市场开始崛起，在便携移动电子领域一度反超过日本。1996 年中国电子科技集团成功研制出可批量生产的 18650 电池，标志中国锂电池启程。目前，锂电池作为一种先进的储能技术，已被广泛应用于新能源电动汽车中，为当前温室气体减排提供了关键性的支持。

　　根据国际能源机构（IEA）的研究，到 2021 年底，全球共有 1650 万辆电动汽车，图 1-1 为 2016 年到 2021 年间，全球主要国家和地区电动汽车新增数量及市场份额。预计到 2030 年，全球电动汽车总量将达到 2 亿辆左右，占全球汽车总量的 20%。电动汽车的大爆发将导致对动力锂电池的需求呈指数级增长。

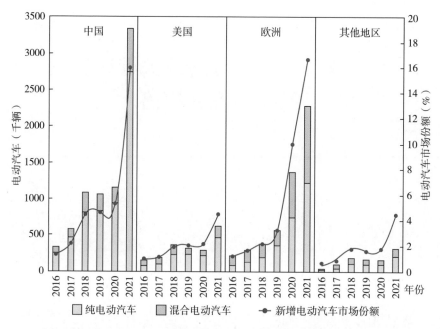

图 1-1　2016—2021 年全球主要国家和地区电动汽车注册量及市场份额

数据来源：IEA。

据 SNE Research 统计，2021 年全球动力锂电池装机量约 296.8 GWh，相较于 2020 年同比增长 115%。鉴于动力锂电池行业巨大的市场前景[4]，各国相关企业纷纷布局动力锂电池产业。2021 年全球 TOP10 锂电池企业中（图 1-2），中国企业占据 5 席，分别为：宁德时代（CATL）、比亚迪（BYD）、中创新航（CALB）、国轩高科（GOTION）和远景动力（AESC），合计市场份额达 47.6%；LG 化学（LGC）、三星 SDI 和 SKI 三家韩国电池企业合计市场份额为 30.4%；日本松下（Panasonic）全球市场份额为 12.2%。

从国家层面来看，当前动力锂电池行业基本发展成中日韩"三足鼎立"的格局，且各自都有行业龙头企业。中国企业宁德时代不仅成为中国锂电池行业的龙头，2017 年一度成为全球动力锂电池最大供货商[5]，率先实现了 NCM811 方形电芯的量产，并成功运用于广汽与宝马，技术路线上成功实现由 NCM523 向 NCM811 的过渡。韩国 LG 化学在 1996 年开始研究锂电池[6]，2020 年成为通用雪佛兰 Volt 电动车唯一供应商。LG 化学的优势在于其对化学材料的理解，技术路线为软包电池，是国际上最先掌握层压叠片式软包的企业，而在 NCM811 的应用上，则落后于宁德时代。日本松下早在

1994 年就开始研发锂电池,由住友财团支持,2008 年开始与全球最大电动汽车企业特斯拉合作,并于 2014 年共建超级电池工厂。松下是全球最先实现NCA18650+ 硅碳负极圆柱电池量产的企业,在电化学体系、生产良率与一致性方面居于领先地位。

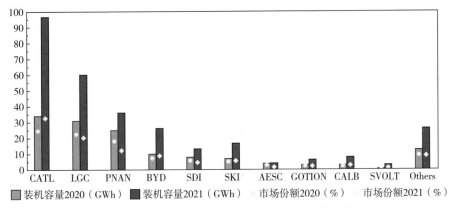

图 1-2 全球 Top10 动力锂电池企业及其装机量

数据来源:SNE Research。

此外,中国在动力锂电池关键材料产能制造上已经拥有超强的领先优势。据相关研究报告显示(表 1-1),中国在正极材料、负极材料、电解液和隔膜方面的产能分别占全球的 42%、65%、65% 和 43%,均遥遥领先于其他国家和地区。相比之下,日本在生产制造正极材料略有优势,而韩国则在制造隔膜方面具有优势。除此之外,其他国家和地区,如美国和欧盟,在动力锂电池的材料生产和制造方面占有很小的市场份额。这一报告表明,西方国家电池生产制造的市场空间仍然非常广阔。

表 1-1 全球锂电池主要生产国家的主材产能

国家	正极材料	负极材料	电解液	隔膜
	300w t	120w t	33.9w t	19.87 亿 m^2
中国	42%	65%	65%	43%
日本	33%	19%	12%	21%
韩国	15%	6%	4%	28%
美国	—	10%	2%	6%
其他国家	10%	—	17%	2%

数据来源:"The metal-mining-constraints-on-the-electric-mobility-horizon"报告。

1.2 动力锂电池关键材料及发展趋势

动力锂电池主要由正极材料、负极材料、隔膜、电解液、粘结剂及集流体等构成。正极材料在锂电池的总成本中占据 40% 以上的比例，并且正极材料的性能直接影响了锂电池的各项性能指标，故锂电正极材料在锂电池中占据核心地位 [7-8]。目前已经市场化的锂电池正极材料包括钴酸锂、锰酸锂、磷酸铁锂和镍钴锰酸锂三元材料等产品。正极材料中磷酸铁锂与三元材料的占比高达 90% 以上。

1.2.1 主流正极材料

1.2.1.1 镍钴锰酸锂（NCM）

镍钴锰酸锂（NCM）三元正极材料分子式为 $LiNi_aCo_bMn_cO_2$，其中 $a+b+c=1$。具体材料的命名通常根据三种元素的相对含量而定，比如 $LiNi_{0.8}Co_{0.1}Mn_{0.1}O_2$，简称为 NCM811。三种元素的不同配比使得三元正极材料产生不同的性能，满足多样化的应用需求。NCM 材料综合了钴酸锂、镍酸锂和锰酸锂三类材料的优点。通过调整过渡金属元素间的比例，可以有效地调控材料的性能和降低材料的成本。其中，Ni 元素有利于提高其比容量，但 Ni 含量占比越多，材料的热稳定性越差 [9]；Co 元素有利于提升材料的电导率与倍率性能，但将造成了材料成本的上升，且不利于环保；Mn 元素的存在起到了稳定结构的作用，但过高的 Mn 含量会降低材料的比容量。

NCM 正极材料的主要制备方法有高温固相、溶胶 – 凝胶、共沉淀、水热合成等方法。目前商业化的 NCM 材料一般通过沉淀法制备出氢氧化镍钴锰，即 NCM 前驱体。NCM 前驱体和锂源混合，经过煅烧制备出成品 NCM 正极材料。NCM 前驱体普遍采用的是氢氧化物共沉淀法，即将镍、钴、锰混合盐溶液，沉淀剂，络合剂等同时加入反应釜中，在一定条件下合成 NCM 前驱体。反应釜内部构造、合成工艺过程控制要求很高，因此在产业链中占据重要位置，具有较高的技术壁垒，并对 NCM 正极材料的品质有重要影响。在实际应用端，材料颗粒的形貌、粒径分布、比表面积及振实密度等物性特征对电池极片的加工性能及锂电池能量密度、倍率性能、循环寿命等核心电化学性能影响很大，因此高密度、粒径分布均匀的球形 NCM 正极材料已经成为追求目标。

上海有色网（以下简称 SMM）从产量结构来分析，三元材料虽然仍以

NCM523 为主，但低钴高镍的路线十分清晰，NCM811 占比由 2020 年 24% 提升至 2021 年 36%（图 1-3）。据中国粉体网报道格林美已研发出镍金属的摩尔比超过 90% 的三元前驱体材料，目前已建成产能 10 万 t / 年三元前驱体生产线，高镍与单晶销售占总销量的 80% 以上。韩国另一位动力锂电池巨头 SKI 在超高镍电池布局上更早，于 2021 年底前推出一款新型 NCM 电池，该电池的镍含量 88%，钴含量 6%。另一家韩国企业 LG 化学则计划在 2022 年发布镍钴锰铝酸锂（NCMA）电池，镍含量达 90%、钴占 5%、锰铝各占 1%～2%。

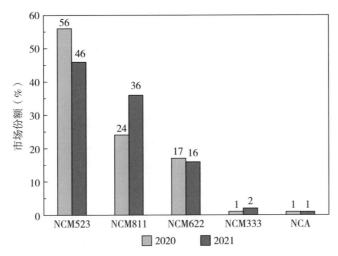

图 1-3 2020 年和 2021 年中国三元材料产品结构对比

数据来源：SMM。

1.2.1.2 镍钴铝酸锂（NCA）

镍钴铝酸锂（NCA）材料由镍钴铝三种主元素构成，通常配比为 8:1.5:0.5，结合了 $LiNiO_2$ 和 $LiCoO_2$ 材料，不仅可逆容量高，材料的成本亦低。以 Al（过渡金属）代替锰，是目前商业化正极材料中研究最热门的材料之一。目前高镍材料可以分为两大类：NCM811 和 NCA 材料，两种材料的可逆容量都能够达到 190～200 mAh/g。但由于 Al 为两性金属，不易沉淀，不能采用常规的沉淀法制备 NCA 前驱体，NCA 烧结过程需要纯氧气气氛，不仅要求生产设备有较高的密封性，同时还需窑炉设备内部元件抗氧化性强，因此 NCA 材料制作工艺上存在门槛。从路线的选择上，日本主要以 NCA 路线为主，韩国则是 NCM 和 NCA 齐头并进，中国目前 NCA 的产量相对较小，以 NCM 路线为主。

目前最主流方法一般以硫酸盐为原料，通过氢氧化钠和络合剂制成氢氧化镍钴铝沉淀；然后和氢氧化锂混合，煅烧制成产品。这种工艺的优点在于生产成本低、流程简单，适合规模化生产，如日本住友、日本户田均已进入量产阶段。国际上 NCA 上下游之间已经形成了相互配套的产业链和相对稳定成熟的供应链；而中国国内整体尚处于开发起步阶段。

1.2.1.3 磷酸铁锂（LFP）

磷酸铁锂（LFP）化学分子式为 $LiFePO_4$，其理论比容量为 170 mAh/g，产品实际比容量可超过 160 mAh/g（0.2C，25℃左右，电压平台为 3.2~3.5 V，振实密度为 1.2 g/cm³）。在 $LiFePO_4$ 结构中，O 与 P 之间具有很强的共价键而形成四面体 $(PO_4)^{3-}$ 聚阴离子，因此 O 很难脱嵌，且过充后没有氧气逸出；所以 $LiFePO_4$ 作为正极材料时电池安全性更高。

固相合成法是应用最广泛、研究最成熟的合成方法。该方法使用的铁源一般为草酸亚铁、氧化铁、磷酸铁等，锂源一般为碳酸锂、氢氧化锂、乙酸锂等，磷源一般为磷酸二氢铵、磷酸氢二铵等；此法的缺点是容易产生污染环境的氨气。代表厂家有 A123systems、天津斯特兰、湖南瑞翔、北大先行、德方纳米等。我国目前多采用磷铁工艺，以磷酸铁为铁源，与锂源纳米尺度上混合，经喷雾干燥后氮气气氛煅烧，制备得到粒径可控的优质磷酸铁锂材料。代表厂家有加拿大 Phostech、我国山东丰元锂能科技有限公司、四川裕能新能源电池材料有限公司等。

磷酸铁锂的出现是锂电池正极材料的一项重大突破，低廉的价格、环境友好、较高的安全性能、较好的结构稳定性与循环性能，使其已形成了较广泛的市场应用领域：储能设备、电动工具类、轻型电动车辆、大型电动车辆、小型设备和移动电源，其中新能源电动车用磷酸铁锂约占磷酸铁锂总量的45%。2021年国内磷酸铁锂市场份额如图 1-4 所示。由于磷酸铁锂电池结构重组，能量密度提升，新能源汽车补贴退坡及充电桩的普及，以及磷酸铁锂电池价格优势及高

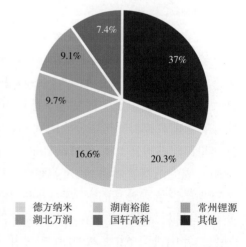

图 1-4 2021年磷酸铁锂厂商市场份额

数据来源：SMM。

安全优势，磷酸铁锂电池在国内动力锂电池装机量占比迅速提升。高工产研锂电研究所（以下简称 GGII）调研数据显示，2021 年国内磷酸铁锂正极材料出货量大幅增长，出货量达 47 万 t，同比增长 277%。

1.2.1.4 镍锰酸锂（LNM）

镍锰酸锂（LNM）分子式为 $LiNi_{0.5}Mn_{1.5}O_4$，属于尖晶石结构，电压平台约在 4.7 V，理论比容量为 146.7 mAh/g，实际比容量大约在 130 mAh/g；具有高工作电压，高能量密度和低成本等优点，兼具三元材料和磷酸铁锂材料优势，为新一代正极材料研究目标。

LNM 的制备方法比较多，包括固相法、共沉淀法、溶胶–凝胶法、溶液燃烧合成法、水热法、溶剂热法、喷雾沉积法等。公开资料显示：蜂巢能源主要通过阳离子掺杂、单晶技术及纳米网络包覆三种手段来提升 LNM 的性能。掺杂技术是采用与氧化学键键能高的阳离子掺杂到晶体结构中，这样有利于高电压下脱锂后结构稳定。单晶技术比传统的球形多晶颗粒具有更高的颗粒强度，有利于改善安全性和循环性能。使用纳米网络包覆，这样材料可更均匀包覆，减少与电解液的副反应，提升循环寿命。

减少钴含量成为 NCA 或 NCM 正极材料降低成本的首要措施，开发高镍无钴材料成为必然趋势。特斯拉一直以来使用的都是松下提供的三元电池（NCA），其中 Co 含量 <3%，下一代产品可以将 Co 的使用量降到零，自此无钴电池及无钴材料诞生。高工锂电网介绍蜂巢能源常州工厂已经正式量产无钴材料，年产可达 5000 t。矿道网推测到 2025 年，全球 LNM 材料产量达 8.5 万 t，需求量将达到 10 万 t。如果将 LNM 生产中的规模化制备问题及高电位电解液耐受性问题解决，LNM 必将成为下一代主流正极材料。

1.2.2 负极材料

负极材料是动力锂电池充电时储存锂的主体，占到电池成本的 10% 左右。负极材料一般可分为碳材和非碳材两大类。碳材料包括人造石墨、天然石墨、中间相碳微球、石油焦、碳纤维、热解树脂碳等。非碳材料包括钛基材料、硅基材料、锡基材料以及氮化物等。

1.2.2.1 石墨

由于石墨类材料具备电子电导率高、比容量高、结构稳定、成本低等优势，成为目前应用最广泛、技术最成熟的负极材料，是负极行业绝对主流路线，占比达到 95%。石墨又可分为天然石墨和人造石墨。由于原材料和工艺特性,人造石墨负极材料的内部结构比天然石墨产品更稳定。

人造石墨一般分为四大工序,即破碎、造粒、石墨化、筛分。其中体现负极行业技术门槛和企业生产水平的主要是造粒和石墨化两个环节。造粒需要控制石墨颗粒的粒径大小、粒径分布和形貌,这些物性参数直接影响负极材料的性能指标。例如颗粒越小,倍率性能和循环寿命越好,但首次效率和压实密度越差;因此需要合理的粒度分布。

从全球范围来看,中国和日本企业一直主导着锂电池负极材料的市场(图1-5)。贝特瑞、杉杉股份、璞泰来(江西紫宸)、东莞凯金和翔丰华这前五家中国企业占据全球市场份额的一半以上。据 EVTank 数据显示,由于全球各领域锂电池需求大幅增长,2021 年全球负极材料出货量高达 90.5 万 t,同比增长 68.2%。从负极产品结构来看(图1-6),人造石墨产品占比进一步提升,以硅基负极为代表的其他负极材料,受到国内圆柱电池产品主要出货型号切换,以及方型动力锂电池高镍体系升级暂缓的影响,未能实现预期增长,市场占比有所下滑。

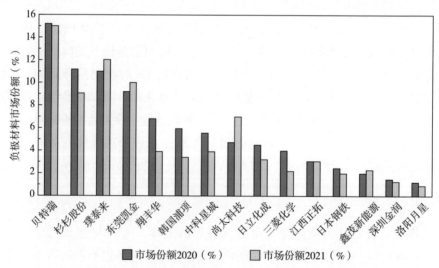

图 1-5　2020—2021 年全球锂电池负极材料市场份额

数据来源:全球锂电行业白皮书,起点研究。

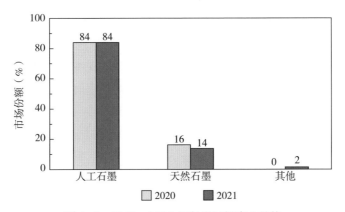

图 1-6　2020—2021 年负极材料产业结构

数据来源：GGII。

1.2.2.2　钛酸锂

钛酸锂化学式 $Li_4Ti_5O_{12}$，简称 LTO，因具有"零应变"的优点被广大能源工作者所研究。"零应变"是指钛酸锂材料在相变的过程中体积与晶格常数变化非常小。因此钛酸锂主要优点为循环性能好，钛酸锂储能电池循环寿命达 15000 次以上；倍率好，充电倍率可高达 10C、甚至 20C；低温性能好，钛酸锂具备在零下 50℃的极寒环境下仍有 70% 容量。钛酸锂材料能量密度低，其理论容量为 175 mAh/g，目前商品化钛酸锂已开发至 170 mAh/g，首效可高达 99.5%。

钛酸锂工业化生产方法仍采用高温固相法。通常是将电池级 TiO_2 和锂盐 $LiOH \cdot H_2O$ 或 Li_2CO_3 按照一定的化学计量比例分散到水中或有机溶剂中混合均匀，经过高能球磨至纳米级，再经喷雾干燥造粒，高温煅烧得到成品钛酸锂。

产业化方面比较领先的有美国奥钛纳米科技公司（现已被银隆新能源收购）、日本石原产业株式会社、英国庄信万丰公司等。国内有四川兴能新材料有限公司、湖州微宏动力有限公司。董明珠对"银隆钛"的锲而不舍，让银隆钛酸锂电池一时名声大燥，凭借快充，低温，安全的特点在公交大巴及对续航里程要求不高的物流车方面应用较为广泛，钛酸锂电池的市场规模值得期待。

1.2.2.3　硅碳

硅是目前发现理论容量最高的负极材料，理论比容量为 4200 mAh/g，是石墨的 10 倍以上。将硅与石墨混合形成硅碳基复合负极材料，不仅结合了碳导电性好和硅比容量高的特点，且可以有效地对硅的膨胀进行缓冲，可显著提高材料整体的电化学循环性能。从商业化路径可分为硅碳负极材料和氧硅碳负极材料。

硅碳负极材料是将纳米硅与基体石墨材料通过造粒工艺形成前驱体，然后经表面处理、烧结、粉碎、筛分、除磁等工序制备而成。目前硅碳负极商业化应用容量在 450 mAh/g 左右。

硅氧负极材料是将纯硅和二氧化硅合成一氧化硅，形成硅氧负极材料前驱体，然后经粉碎、分级、表面处理、烧结、筛分、除磁等工序制备成改性的 SiO_x/C。改性的 SiO_x/C 再与石墨按照所需负极容量设定混合比例，即可得到新型氧硅石墨负极材料；其容量均集中在 420 mAh/g 和 450 mAh/g 两款，少量为 500 mAh/g 及 600 mAh/g 型。据中国粉体网报道，贝特瑞的硅基负极产品处于行业领先水平，其在硅碳负极材料的开发上有了新突破，比容量提升至 1500 mAh/g；并已完成多款氧化亚硅产品的技术开发和量产工作，部分产品的比容量达到 1600 mAh/g 以上。斯诺的 SiO 产品克容量达到 500 mAh/g 以上，首次库伦效率达 89% 以上，能够实现 800 周循环保持率达 80% 以上，已完成小试开发，处于中试和量产准备阶段。

国内外电池厂商硅基负极电池产业化稳步推进，早在 2012 年日本松下已将硅碳负极应用于锂电池，而日立化成是国际上最大的硅碳材料供应商，还有日本信越、吴宇化学和美国安普瑞斯等均布局硅碳负极材料。我国硅碳负极产业化应用还处于初级阶段，目前宁德时代、比亚迪、国轩高科、比克和天津力神等均在硅碳材料领域发力，贝特瑞杉杉已经实现量产。高工锂电网预计 2022 年硅基负极市场需求将超 3 万 t，市场规模预计超 35 亿。

1.2.3 电解质

电解质在正负极间起着传递电荷的作用。根据电解质的物理形态可分为液体电解质（简称电解液）、固体电解质和固液复合电解质。使用固态电解质的电池称之为固态电池。

1.2.3.1 电解液

电解液的作用是使锂离子在正极与负极之间传递，电子不传递，以此保证充放电顺利进行，对锂电池性能十分重要，号称锂电池的"血液"。据华经产业研究院统计，电解液一般约占电池成本的 7% ~ 12%。一般组成为溶剂、锂盐及添加剂。最常用的锂盐为六氟磷酸锂，溶剂主要为碳酸酯类、醚类和羧酸酯类，添加剂按照功能又可分成膜添加剂、导电添加剂、阻燃添加剂等。

电解液的制备主要分溶剂合成、物料混合、后处理三个工段。其中技术壁垒是物料混合阶段的配方组成，不同的电池类型电解液组成稍有不同，配方基本由下游锂电池企业主导，而一些细分高端消费产品或高镍动力产品的电解液一般由锂电池企业及电解液企业联合研发。而作为电解液的核心关键材料，六氟磷酸锂极易潮解，需要在无水氟化氢、低烷基醚等非水溶剂中合成，生产条件极其苛刻。

2010 年前六氟磷酸锂产能主要集中在日本 Stella、关东电化、森田化学和韩国厚成等企业。2011 年我国企业六氟产能占比不到 15%，2011 年后，天赐材料、多氟多、新宙邦等各家企业纷纷实现技术突破，开始大幅扩产。2021 年国内企业市场占有率提升至 80% 以上，实现完全国产替代（图 1-7）。EVTank 发布的《中国锂离子电池电解液行业发展白皮书（2022 年）》数据显示，2021 年中国电解液市场出货 50.7 万 t，同比增长 88.5%。据国海证券预测，到 2025 年全球锂电池需求量将达约 1200 GWh，对应电解液需求约为 132 万 t，在此期间复合年均增长率为 35%。电解液市场空间巨大。

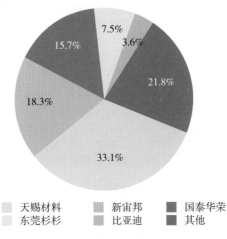

图 1-7　2021 年电解液中国市场份额

数据来源：鑫椤资讯，华经产业研究院。

1.2.3.2　固态电解质

液态电解液存在有机溶剂易挥发及高温可燃等隐患，在锂电池领域的发展十分受限。固态电解质不仅高温时不易发生分解，而且能抑制锂枝晶产生，有效缓解锂电池安全问题及耐用性。固态电解质是固态锂电池的最核心部件，是固态电池发展的技术重点。目前固态电解质主要分为聚合物固态电解质、氧化物固态电解质、硫化物固态电解质三大类（表 1-2）。

表 1-2 三种固态电解质对比

分类	细分	代表企业	优点	缺点
有机电解质	聚合物	Bolloré、SolidEnergy	密度小、粘弹性好、技术最成熟、率先小规模量产	室温离子电导率低，理论能量密度上限低
无机电解质	氧化物	Sakti3、台湾辉能、清陶能源、北京卫蓝、赣锋锂业	电池倍率及循环性能优异，已有商用产品	机械性坚硬，固固界面接触不好，量产成本高
	硫化物	丰田，三星，松下，宁德时代	离子电导率最高，最有望规模化用于电池	不稳定，对生产环境要求高，开发难度大

资料来源：恒大研究院和中启咨询。

聚合物固态电解质由聚合物基体和锂盐络合而成，常用的锂盐包括 $LiPF_6$、$LiClO_4$ 和 $LiAsF_4$ 等，基体包括聚环氧丙烷（PPO）、聚偏氯乙烯（PVDF）、聚环氧乙烷（PEO）、聚丙烯腈（PAN）等。氧化物电解质代表类型包括锂镧锆氧（LLZO）、磷酸锗铝锂（LAGP）、磷酸钛铝锂（LATP）等，一般工艺为将所需氧化材料与锂源球磨混合，压片成型，再煅烧以提高致密度。硫化物固态电解质是在氧化物电解质的基础上演变而来，但硫化物容易与水反应生成有毒的 H_2S 气体，生产条件苛刻，目前采用卤化物掺杂或引入新的元素等方法提高其对水的化学稳定。

从企业参与技术路线来看，日韩企业多采用硫化物固态电解质技术路线[10]，而中国企业多以氧化物电解质为主，欧美企业在聚合物、氧化物、硫化物路径中选。固态电解质仍然存在低界面稳定性、大尺寸晶界、空位和局部存在电子电导等问题，固态电池尚未形成产业链。《新能源汽车产业发展规划（2021—2035）》提出了加强固态电池研发和产业化进程的要求，首次将固态电池上升到了国家层面，将会迎来固态电解质及固态电池飞速发展。根据产业链调研，固态电池将在 2025 年逐步实现商业化，2030 年形成动力锂电池主要技术路线。据中银国际证券预测，全球固态锂电池需求量到 2030 年有望达到 494.9 GWh，市场空间超过 1500 亿元。

1.2.4 隔膜

隔膜是保证电池体系安全、影响电池性能的关键材料。放置于正负两极之间，作为隔离电极的装置。故隔膜必须具备良好的绝缘性，以防止正负极接触短路或是被毛刺、颗粒、枝晶刺穿而出现的短路，再者是具有实现充放电功能、倍率性能的微孔通道。因此隔膜需要有一定的拉伸强度、穿刺强度，较高孔隙率且分布均匀。

隔膜孔径一般为 0.03 ~ 0.05 μm 或者 0.09 ~ 0.12 μm；厚度一般 < 25 μm，在保证机械强度的情况下，越薄越好，目前动力市场主流用湿法基膜产品主要集中在 9 μm、12 μm 领域，5 μm 隔膜主要在消费电池领域使用。隔膜主流材料是聚丙烯微孔膜（PP 膜）和聚乙烯微孔膜（PE 膜）。隔膜是锂电材料中技术壁垒最高的一种材料，微孔制备技术是隔膜制备工艺的核心，因此可将隔膜工艺分为干法与湿法两种。干法工艺的原材料一般是 PP，工艺简单，成本较低。而湿法工艺的原材料一般则是 PE，在大功率电池方面更具优势，强度相对更高。

中国锂电隔膜生产以湿法工艺为主，GGII 统计数据显示，2021 年中国湿法隔膜市场出货量占比为 74%，国产湿法隔膜生产企业的产量和性能越来越接近国外企业水平，基本实现国产化，国内湿法隔膜市场格局如图 1-8 所示，但与日美企业，如旭化成、东燃等在强度、均匀度等产品指标方面以及生产工艺、装备技术方面仍有差距。隔膜企业 W-Scope 测算，到 2025 年全球锂电池市场对隔膜需求达到 200 亿平方米，到 2030 年接近 320 亿平方米，为 2020 年的 5.3 倍。

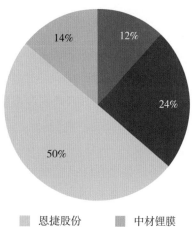

图 1-8 2021 年湿法隔膜格局
数据来源：智研咨询。

1.2.5 粘结剂

粘结剂在锂电池中不可或缺，其用量极少，约占活性物质组分的 1% ~ 10%。粘结剂主要作用：将极片的各个组分（活性物质、导电剂）与集流体等粘结在一起形成稳定的极片结构，缓解电极材料在充放电过程中的体积变化，调控浆料分散效果。故要求粘结剂必须能承受电解液的溶胀、腐蚀以及充放电过程的电化学作用。

目前的商用粘结剂有油系粘结剂体系：主要为聚偏氟乙烯（PVDF）及聚丙烯腈（PAN）；水系粘结剂体系：羧甲基纤维素钠（CMC）、丁苯橡胶（SBR）、海藻酸钠（SA）、聚丙烯酸（PAA）、聚乙烯醇（PVA）等。目前电池正极以 PVDF 粘结剂为主，以 N- 甲基吡咯烷酮（NMP）为溶剂，占比高达 90%；负极材料通常采用 SBR 作粘结剂，CMC 为增稠剂，以水作溶剂。

比利时的索尔维集团、日本的吴羽株式会社、法国的阿科玛集团、中国上海三爱富新材料、山东华夏神舟新材料、中化蓝天等共享全球锂电池正极粘结剂 PVDF 的市场。日本的瑞翁株式会社、日本制纸及中国的蓝海黑石科技占领了水性粘结剂领域。据观研天下报道，近五年来我国锂电池粘结剂产量实现逐年增长，2021 年已达 4.8 万 t，同比增长 34.5%。得益于锂电池需求上升，未来五年我国锂电池粘结剂规模也将保持高速增长。预计到 2025 年，我国锂电池粘结剂市场规模有望逼近百亿元。

1.2.6 集流体

集流体是电池中粘接在正负极外部，将电池活性物质产生的电流汇集起来的构件，是锂电池中不可或缺的组成部件之一。可用作锂电池集流体的材料为铝、铜、镍和不锈钢等金属导体材料。随着锂电技术的不断发展，集流体的趋势是在保证性能基础上降低厚度和重量，进而减少电池的体积和重量。

1.2.6.1 铜箔

铜具有导电优良、延展性好、资源丰富等诸多优点。其较高电位下易被氧化，因此常被用作石墨、硅、锡以及钴锡合金等负极活性物质的集流体。铜箔质量和成本分别约占典型锂电池总质量和总成本的 13% 和 8% 左右[11]。铜箔主要有压延铜箔和电解铜箔两种。压延铜箔是将铜板经过多次重复辊轧而制成的原箔，根据要求进行粗化处理。电解铜箔是将铜溶液，在特制的溶解容器中将硫酸铜电解液在直流电的作用下，电沉积而制成原箔，再进行一系列表面处理，得到光滑面和粗糙面的铜箔。铜箔用作集流体时，厚度由之前的 12 μm 降低到 10 μm，再到 8 μm，到目前有很大部分电池厂家量产用 6 μm。

据华经产业研究院统计，2021 年中国锂电铜箔产能为 38.6 万 t，产能排名前三企业分别为灵宝华鑫、诺德股份、德福科技。受上游动力锂电池需求增长，锂电铜箔企业纷纷积极扩产。根据 GGII 统计，2021 年全球锂电铜箔需求量为 38 万 t，同比增加 52%，其中动力锂电池铜箔需求 24 万 t，同比增加 75%；预计 2025 年全球锂电铜箔总需求量为 109 万 t，未来 5 年锂电铜箔需求将有 3 倍的成长空间。

1.2.6.2 铝箔

铝箔是目前锂电池最主要的正极集流体，其导电性较好，质量轻，成本低廉，并且在充放电过程中其表面的钝化层可避免电解液的腐蚀。按照成分和杂质分为 1 系、3 系和 8 系铝箔，分别对应纯铝、铝锰系和其他铝合金系。铝箔由前几年的 16 μm 降低到 14 μm，再到 12 μm，现在有不少电池生产厂家已经量产使用 10 μm 的铝箔，甚至用到 8 μm。铝箔的生产是将铝箔胚料经过多次轧制，多次热处理轧制成需要的厚度。先后经过粗轧和精轧两道工序，再对铝箔进行表面处理，最后将铝箔分切成锂电厂家需要的宽度和长度。最近研究较多的是涂碳铝箔，在正常铝箔表面涂上一层很薄的导电碳，来优化电池性能。

锂电铝箔可以分为动力电池箔、消费类电池箔、储能电池箔，其中动力电池箔目前需求量最大，占比超过 50%。国外锂电铝箔供应商主要集中在日本，例如东洋铝业和日立金属。国内主要有鼎盛新材、万顺新材、华西铝业、南南铝业、四方达公司等。受益于动力电池、储能电池需求高增长，锂电龙头纷纷布局扩产。根据华安证券分析，按照每 GWh 锂电池消耗 400～600 t 铝箔测算，预计 2025 年全球锂电池铝箔有望达到 45.4 万～68.1 万 t。宁德时代相关人士在钠离子电池发布会上表示预期将在 2023 年实现钠离子电池产业化，由于钠离子电池正负极基底材料均采用铝箔，届时锂电铝箔市场空间将会进一步扩展。

1.2.6.3　其他

镍价格较为低廉，具有良好的导电性，且在酸、碱性溶液中较稳定；既可以作为正极集流体，也可以作为负极集流体。与其匹配的既有正极活性物质磷酸铁锂，也有氧化镍、硫及碳硅复合材料等负极活性物质。镍集流体的形状通常有泡沫镍和镍箔两种类型。由于泡沫镍的孔道发达，与活性物质之间的接触面积大，从而减小了活性物质与集流体间的接触电阻。但镍箔作为电极集流体时，随着充 / 放电次数增加，活性物质易脱落，十分影响电池性能。

不锈钢是指含有镍、钼、钛、银、铜、铁等元素的合金钢，亦具有良好的导电性和稳定性，且可以耐空气、蒸汽、水等弱腐蚀介质和酸、碱、盐等强腐蚀介质的化学侵蚀。不锈钢表面也容易形成钝化膜，保护其表面不被腐蚀，同时不锈钢可以比铜加工得更薄，具有成本低、工艺简单及大规模生产等优点。

碳纳米管（Carbon nanotubes，CNTs）是一种新型的一维纳米材料，其独特的石墨化结构与超高长径比，使其具有优异的电学性能；同时相较金属，其密度极低，这些特点使得 CNTs 聚集形成的宏观薄膜有望替代铝、铜箔成为新一代锂电池集流体。

1.3　动力锂电池产业发展趋势

1.3.1　锂电池产能布局

2025 年全球动力电池需求量将超过 1 TWh，在高需求驱动下，海内外动力电池企业均在大力扩产，新一轮产能扩建军备赛打响。据起点锂电大数据不完全统计，截至 2021 年 8 月，包括宁德时代、LG 新能源、中创新航、亿纬锂能、SKI、比亚迪等 20 家亚洲企业，规划产能已超过 3 TWh。近两年，欧美企业正在加速推进动力锂电池领域的布局。欧盟非政府组织运输与环境联合会（T&E）2021 年 6 月发布的一份报告显示，欧洲现有项目中已建设或正在建设的超级工厂总数达到 38 个，预计总年产量为 1 TWh。在欧洲各地，先后成立了包括瑞典 Northvolt、法国 Verkor、英国 Britishvolt、挪威 Freyr、斯洛伐克 InoBat Auto 等多家本土电池企业，并宣布大规模电池生产计划。随着 38 座超级工厂的相继建成，欧洲电动汽车电池的产量也会有明显提升，预计在 2025 年可生产 460 GWh，2030 年增至 1.14 TWh，是 2021 年预计可供应的 87 GWh 的 13 倍。此外，为保障电池供应，各大车企纷纷开始自建动力锂电池工厂以实现成本控制、掌握动力锂电池供给主动权。其中，特斯拉计划将柏林附近的未来超级工厂建设成为世界上最大的工厂之一，预计在 2030 年产能达到 250 GWh。大众集团规划携手与合作伙伴在欧洲建设 6 座电池工厂。

总体而言，欧洲有望在不久的将来成为全球第二大电动汽车动力锂电池生产基地，这将给亚洲动力锂电池市场带来巨大挑战。

1.3.2　锂电池材料类型变化趋势

SMM 统计数据显示，中国动力锂电池总装机容量持续增长，从 2015 年的 16 GWh 增加到 2021 年的 154 GWh（图 1-9）。从电池类型来看，三元电池和磷酸铁锂电池主导了动力锂电池市场。三元锂电池的能量密度较高，逐渐受到乘用车领域市场青睐，2019 年达到 60% 以上。磷酸铁锂电池主要应用于商用车及纯电动乘用车中，随着比亚迪（BYD）2020 年刀片电池技术的引入，由于电池组装技术的进步，低成本的磷酸铁锂电池将在能量密度上取得突破，这将在短期内导致磷酸铁锂电池销量的增加，因此在 2020—2021 年市场份额有所回升。

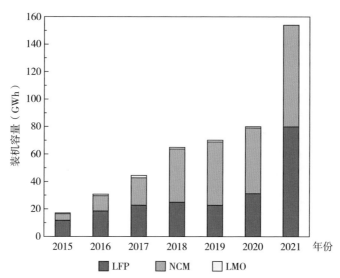

图 1-9　2015—2021 年间中国主要动力锂电池材料类型和装机量

数据来源：SMM。

1.3.3　全球各地区发展目标和规划

锂电池自 1991 年商用以来，基本延续了以钴酸锂 / 锰酸锂 / 磷酸铁锂为正极、石墨为负极的电池体系。近几年来，出于对动力锂电池更高的能量和安全性的要求，锂电池技术开发仍在继续。图 1-10 展示了全球各地锂电池发展历史、现状及未来趋势[12]。值得注意的是，松下 18650 电池能量密度在1990—2015 年间大约只增加了 3 倍。目前，能量密度为 240 Wh/kg 的锂电池已经实现了量产，而已公布的能量密度为 300 Wh/kg 甚至 400 Wh/kg 的锂电池仍在开发中。因此，世界各国都在制定未来发展计划，以实现电动汽车在续航里程（＞500 km，充电时间＜20 min）和循环寿命（＞3000 次）两方面的目标。

中国：动力锂电池各阶段发展目标和规划明确。《节能与新能源汽车技术路线图》详尽规划了中国动力锂电池和新型电池的各阶段对应要求，主要分为三个阶段：

1）2020 年应满足 300 km 以上纯电动汽车需求：单体能量密度达300 Wh/kg 和 600 Wh/L、单体成本降至 0.8 元 /Wh、循环寿命 1500 次；

2）2025 年应满足 400 km 以上纯电动汽车需求：单体能量密度达400 Wh/kg 和 800 Wh/L、单体成本降至 0.5 元 /Wh、循环寿命 2000 次；

3）2030 年应满足 500 km 以上纯电动汽车需求：单体能量密度达 500 Wh/kg 和 1000 Wh/L、单体成本降至 0.4 元 /Wh、循环寿命 3000 次。

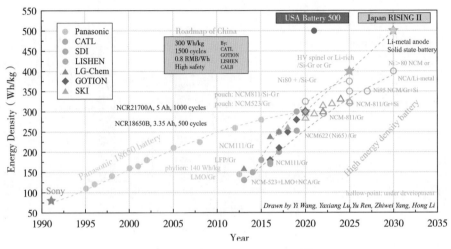

图 1-10　锂电池技术提升路线[12]

目前，朝着 300 Wh/kg 的发展目标，动力锂电池技术研究主要集中在富镍三元正极材料、硅碳负极和宽电压窗口电解液的开发[13]。基于 2025 年 400 Wh/kg 的发展目标，研究聚焦于更高比容量的富锂正极材料，并逐渐开始向固体电解质过渡。到 2030 年，全固态电池有望实现大规模商业化，这将进一步推动金属锂负极的应用，满足 500 Wh/kg 的能量密度要求。

日本：新能源产业的技术综合开发机构（NEDO）于 2018 年发布了 "新一代电池科学创新研发计划"（RISING Ⅱ）项目。在动力锂电池方面，侧重固态电池的研发，到 2025 年，第一代固态电池将得到普及，其能量密度将达到 300 Wh/kg。到 2030 年，第二代固态电池将全面普及，预计实现 500 Wh/kg 的能量密度。此外，日本还在努力开发新型电池，如硫化物基固态电池、锌基电池等。

韩国：韩国电池产业协会制定了 2018 年电力路线图和四种关键材料路线图。到 2025 年，动力锂电池的比能量密度将达到 330 Wh/kg 和 800 Wh/L，循环寿命将达到 15 年，循环 1000 次。

欧洲：动力锂电池是欧盟为发展去碳化和可再生能源社会其中的一部分。欧盟十年经济发展规划的 "地平线 2020" 计划（Horizon 2020），在 2014 年至 2020 年期间，向工业、科研、商业等领域共计投入经费 770.28 亿欧元，其中电池专项拨款共计 1.14 亿欧元，包括锂电池材料与传输模型、先进锂电池的研究与创新等七个课题。动力锂电池能量密度在 2025 年将达到 250 Wh/kg，到 2030 年将继续增加到 500 Wh/kg。此外，能源技术战略发展计划"电池 2030+"计划投资超过 1000 亿欧元，推动动力锂电池产业链全面发展，涵盖从原材料到电池回收的整个过程。

美国：美国能源部（DOE）于 2021 年成立了"电池 500"计划（Battery 500）。未来 5 年的总投资超过 5000 万美元，目标是开发锂金属电池，使用金属锂替代现有的石墨负极，使得能量密度达到 500 Wh/kg，循环次数 1000 次。

1.3.4　锂电池产业发展关键挑战

1.3.4.1　降低电池成本

原材料成本占电池的 60% 以上，它是动力锂电池成本降低的关键[14]。其中，正极材料降本核心在于上游 Li/Co/Ni 资源价格和制造工艺，负极材料降本核心在于针状焦原材购买和石墨加工技术，隔膜材料降本在于提升生产过程良品率并改进设备，电解液降本空间不大，其规模化有助于价格下降。但在现有技术下，原材料降本空间非常有限。降本重点将集中在模组、Pack 层面，如 BYD 推出刀片技术，电池系统成本降低 20% ~ 30%。

1.3.4.2　提升能量密度

能量密度提升路径主要包括电芯密度、系统密度两个方面。电芯方面：需要实现全固态电池、三元富锂电池等新技术突破，优化正负极材料配比等工艺；在电池包方面，无模组电池包 Cell to Pack（CTP）方案设计，提升电池包成组效率，优化排布结构，使用低密度材料等。例如，宁德时代基于三元电池技术架构设计出的 CTP 技术，能将空间体积利用率提高 15% ~ 20%，内部零部件数量减少 40%，间接提升系统能量密度 10% ~ 15%；比亚迪基于 LFP 电池技术架构设计出的刀片电池，体积能量密度提升 50%；特斯拉基于材料与工艺升级设计出的 4860 大圆柱电池，在 2170 电池基础上，能量密度提升 5 倍，续航里程提高 16%，成本下降 14%。

1.3.4.3　安全性

动力锂电池着火现象一般包括充电自燃（充电电流较大）、碰撞冲击燃烧（电池组损坏，发生内短路）、行驶自燃（电池组损坏，发生内短路）和涉水自燃（电池组密封性不足，液体导致外短路）等。这些问题均可以引起全电池组温度急剧上升，发生热失控，进而自燃爆炸。可以从电池设计和配套设施两方面入手，来控制电池热失控。例如：防止正极释放氧气，抑制电解液可燃性，提高电池包结构密封性、隔热性和抗冲击能力，优化电池热失控管理系统等。

1.3.4.4 动力锂电池回收利用

动力锂电池全生命周期涉及主体与环节众多，仅仅是部分企业掌握部分产品的生命周期数据，信息的碎片化制约着动力锂电池的回收再利用。此外，退役电池缺乏检测标准，电池残值评估技术和人才储备不足。在电池设计、制造过程中，并未考虑回收利用处理因素。

1.4 动力锂电池关键金属原材料资源供需分析

锂电池在全球电气化中发挥着至关重要的作用，并有助于应对气候变化，预计到 2030 年底，全球电池需求将比目前水平增加 19 倍[15]。如果依靠目前的材料采购、生产和使用方式，这是很难实现的。只有通过整个价值链的合作努力，才能克服这一挑战。在所有的挑战中，关键金属原材料，即锂、镍和钴的供应是最棘手的问题之一。电池材料的生产非常依赖于这些关键金属，IEA 最近的一份报告表明，一辆典型的电动汽车需要六倍于传统汽车的矿物投入[16]，而目前它们主要是从地球上的矿物中提取的。这些矿物在地理上分布不均，锂原料主要产自澳大利亚，镍产自东盟（印度尼西亚和菲律宾），钴产自刚果民主共和国（DRC）。矿产开采规模的扩大可能会导致这些地区的社会、环境和完整性受到负面影响，特别是钴。刚果民主共和国是世界上最不发达的国家之一，其经济严重依赖钴。1000 万至 1200 万人直接或间接依赖采矿，80% 的出口是采矿产品。然而，在刚果民主共和国的手工采矿业中，严重的社会风险已被充分记录在案，其中包括危险的工作条件；由于隧道安全性差而导致的死亡；潜在的各种形式的强迫劳动；最恶劣的童工形式；以及暴露于细小的灰尘和微粒以及破坏 DNA 的毒性中[15]。所有这些问题都导致了一个相当脆弱的前端锂电池供应链。

同时，在锂电池领域强劲需求的推动下，这些关键金属材料的价格自 2021 年初以来呈现快速上升趋势，呈现出不同程度的供应短缺。为了强调与这些关键金属资源有关的重要性和潜在风险，白宫在 2021 年 6 月发布的 14017 号行政命令下的百日审查报告，用了整整一章来回顾这个话题，并认为可靠、安全和有弹性的关键战略和关键材料的供应对美国经济和国防至关重要。

在本章的后续部分，将介绍锂、镍、钴的地理分布及其生产状况，随后讨论供应和需求的前景。

1.4.1　关键金属原料的地理分布及其生产状况

1.4.1.1　锂

锂是地球上比较稀有的元素，其在地壳中的丰度为 0.0065%，排在第 27 位。海水中含有丰富的锂资源，约 2600 亿 t，目前由于含量较低，只有 0.17 mg/L，所以没有商业化。

根据美国地质调查局的最新报告[17]，2020 年，全球锂矿储量约为 2106 万 t。其中，智利的储量最多，约 920 万 t，约占世界总量的 43.7%。澳大利亚储量排名第二，2020 年储量约为 470 万 t，占全球储量的 22.3%。阿根廷的资源储量排名第三。2020 年全球锂资源储量的详细数据列于表 1-3。

全球锂资源主要分为两类，即岩石矿物和卤水矿物，其中封闭盆地卤水占 58%，伟晶岩（包括富锂花岗岩）占 26%，赫克托石黏土占 7%，油田卤水、地热卤水和硼硅酸锂矿各占 3%[18]。

表 1-3　2020 年全球锂矿储量

国别	锂矿储量（t）	占比（%）
美国	750000	3.6
阿根廷	1900000	9.0
澳大利亚	4700000	22.3
巴西	95000	0.5
加拿大	530000	2.5
智利	9200000	43.7
中国	1500000	7.1
葡萄牙	60000	0.3
津布巴韦	220000	1.0
其他	2100000	10.0
总量	21055000	100

数据来源：USGS 2021。

世界上的卤水锂资源主要分布在南美洲的智利、阿根廷和玻利维亚的"锂三角"高原地区、美国西部和中国西部。世界岩石锂资源主要分布在澳大利亚、中国、津巴布韦以及葡萄牙、巴西、加拿大、俄罗斯等国家。

2020 年全球约有 82200 t 的锂矿被开采。澳大利亚是主要贡献者，锂矿产量为 4 万 t，占全球总量的近一半，其次是智利和中国，分别贡献 21.9% 和 17.0%。2020 年全球锂矿产量的详细数据列于表 1–4。

表 1–4　2020 年全球锂矿产量

国别	锂矿产量（t）	占比（%）
美国	—	—
阿根廷	6200	7.5
澳大利亚	40000	48.7
巴西	1900	2.3
加拿大	—	—
智利	18000	21.9
中国	14000	17.0
葡萄牙	900	1.1
津布巴韦	1200	1.5
其他	—	—
总量	82200	100

数据来源：USGS 2021。

1.4.1.2　镍

根据美国地质调查局的最新报告[17]，在 2020 年，全球镍矿储量约为 9400 万 t。其中，印度尼西亚的储量最多，约为 2100 万 t，约占世界总量的 22.4%。澳大利亚的储量排名第二，2020 年的储量约为 2000 万 t，占全球储量的 21.3%。巴西的资源储量排名第三。2020 年全球镍储量的详细数据列于表 1–5。

表 1–5　2020 年全球镍矿储量

国别	镍矿储量（t）	占比（%）
美国	100000	0.1
澳大利亚	20000000	21.3
巴西	16000000	17.0
加拿大	2800000	3.0
中国	2800000	3.0
古巴	5500000	5.9
多米尼加	—	—
印度尼西亚	21000000	22.4

国别	镍矿储量（t）	占比（%）
新喀里多尼亚	—	—
菲律宾	4800000	5.1
俄罗斯	6900000	7.3
其余国家	14000000	14.9
总量	93900000	100

数据来源：USGS 2021。

全球镍资源主要分为两种类型，即红土镍矿和硫化镍矿，分别占总储量的 60% 和 40%。红土镍矿主要分布在南北回归线以内的国家，包括澳大利亚、新喀里多尼亚、印度尼西亚、巴西和古巴；硫化镍矿主要分布在俄罗斯、加拿大、澳大利亚、南非和中国。

红土镍矿多为露天矿，开采方便，但由于其品位低，加工技术较为复杂。随着镍价的回升和精炼技术的进步，红土矿生产的原生镍的比例已经稳步上升。红土矿的镍供应比例已从 2017 年的 51% 上升到 2019 年的 62%，这完全改变了以往硫化矿主导的行业格局。

2020 年全球约有 250 万 t 的镍矿被开采。主要贡献来自东盟地区，其中印尼产量为 76 万 t，占世界总量的 30.7%，菲律宾产量为 32 万 t，占世界份额的 12.9%。俄罗斯排名第三，产量与菲律宾类似，为 28 万 t，占全球总量的 11.3%。2020 年全球镍矿产量的详细数据列于表 1-6。

表 1-6　2020 年全球镍矿产量

国别	镍矿产量（t）	占比（%）
美国	16000	0.6
澳大利亚	170000	6.9
巴西	73000	2.9
加拿大	150000	6.1
中国	120000	4.8
古巴	49000	2.0
多米尼加	47000	1.9
印度尼西亚	760000	30.7
新喀里多尼亚	200000	8.1
菲律宾	320000	12.9

国别	镍矿产量（t）	占比（%）
俄罗斯	280000	11.3
其余国家	290000	11.7
总量	2475000	100

数据来源：USGS 2021。

1.4.1.3 钴

根据美国地质调查局的最新报告[17]，在2020年，全球钴矿储量约为710万t。其中，刚果的储量最大，约360万t，约占世界总量的50.5%。澳大利亚的储量排名第二，2020年的储量约为140万t，占全球储量的19.6%。古巴的资源储量排名第三。2020年全球钴储量的详细数据列于表1-7。

钴很少形成独立的矿石，大多与铜、镍、锰、铁、砷、铅和其他矿床相关。钴资源通常存在于以下地区[17]：刚果和赞比亚的沉积托管地层状铜矿床；澳大利亚及其附近岛屿国家，即印度尼西亚、菲律宾、新喀里多尼亚和古巴的含镍红土矿床；澳大利亚、加拿大、俄罗斯和美国黑云岩和超黑云岩中的岩浆型镍铜硫化物矿床；大西洋、印度洋和太平洋海底的锰结核和结壳。

表1-7　2020年全球钴矿储量

国别	钴矿储量（t）	占比（%）
美国	53000	0.7
澳大利亚	1400000	19.6
加拿大	220000	3.1
中国	80000	1.1
刚果	3600000	50.5
古巴	500000	7.0
马达加斯加	100000	1.4
摩洛哥	14000	0.2
巴布亚新几内亚	51000	0.7
菲律宾	260000	3.6
俄罗斯	250000	3.5
南非	40000	0.6
其余国家	560000	7.9
总量	7128000	100

数据来源：USGS 2021。

2020 年，钴矿总产量为 13.5 万 t，主要来自刚果。仅刚果就生产了 9.5 万 t，对全球总量的贡献超过 70%。俄罗斯和澳大利亚位列第二和第三，分别占 4.7% 和 4.2%。2020 年全球钴矿产量的详细数据列于表 1-8。从表 1-4 和表 1-6 可以得知，与锂和镍相比，钴呈现出最不平衡的全球供应，极度依赖一个国家，即刚果。

表 1-8　2020 年全球钴矿产量

国别	钴矿产量（t）	占比（%）
美国	600	0.4
澳大利亚	5700	4.2
加拿大	3200	2.4
中国	2300	1.7
刚果	95000	70.4
古巴	3600	2.7
马达加斯加	700	0.5
摩洛哥	1900	1.4
巴布亚新几内亚	2800	2.1
菲律宾	4700	3.5
俄罗斯	6300	4.7
南非	1800	1.3
其余国家	6400	4.7
总量	135000	100

数据来源：USGS 2021。

1.4.2　关键金属原料的供需前景

锂：2020 年锂的总需求量（LCE）约为 36.9 万 t[18]，其中锂电池占 59%，其余 41% 来自工业领域。锂电池领域可以进一步划分为消费类电子产品、电动汽车、电动交通工具，例如滑板车、电动自行车和能源储存（图 1-11）。虽然电动车只是在最近几年才开始萌芽，但它所占份额增速非常快，已经消耗了全球锂需求的 35%。储能是另一个快速增长的领域，这得益于向太阳能和风能的能源转型，尽管它在 2020 年只贡献了 3%。

在工业领域，锂通常被用作玻璃和陶瓷、润滑脂、助焊剂和聚合物的原材料，也可用于固体燃料、铝冶炼和其他领域。工业领域的锂需求相当稳定，随着电动汽车和能源储存的大量采用，其在锂总需求中的份额将明显减少。

镍：2020 年，镍的总需求量约为 239 万 t[18]。由于镍的主要特点是高硬度和抗氧化性，因此，世界上大部分的成品镍（接近 70%）都被用于生产不锈钢。镍的主要应用及其相应的需求份额如图 1-12 所示。

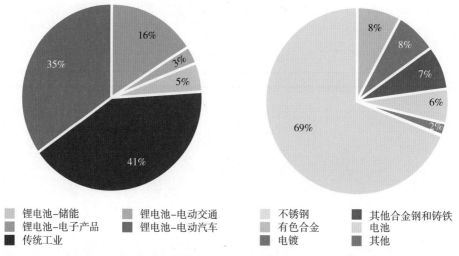

图 1-11 2020 年各应用领域的锂需求 [18]

图 1-12 2020 年各应用领域的镍需求 [19]

2020 年，电池行业的贡献只占整个镍消费的 6%，这与锂（图 1-11）和钴（图 1-13）有很大的不同，后者在电池行业的贡献率均超过了 50%。然而，随着电动汽车的不断发展，预计未来几年电池行业对镍的需求将迅速增长。硫酸镍是锂电池的关键原材料，主要用于生产镍钴锰锂（NCM）和镍钴铝锂（NCA）三元电池前体 / 正极材料。由于追求更高的电池能量密度和不断降低成本（以镍取代钴以降低总的原材料成本），以及供应链安全的考虑，现在的市场正在向高镍含量的 NCM 三元电池发展，从而进一步刺激了电池中镍的需求。

钴：2020 年钴的总需求量约为 14 万 t[18]，其中冶金应用占 48%，其余 52% 为锂电池（图 1-13）。在冶金应用方面，钴的强度和耐高温特性使其成为生产电厂高温合金、高速钢钻头和刀片的理想选择，也可用于硬面、硬质合金和钻石工具的切割应用和磁铁。此外，它还被用来制造催化剂和干燥剂。至于锂电池，钴是其制造的重要原材料。四氧化三钴用于钴酸锂（LCO）电池的正极，而硫酸钴用于三元 NCM 和 NCA 电池的正极。在过去 10 年中，钴的需求增长主要来自于 3C 电池的发展，如在智能手机、电子垫和笔记本电脑等方面的使用。由于电动汽车的快速普及，这两年钴的需求增长主要来自于电动汽车电池领域，因此增加了锂电池中钴的使用比例。

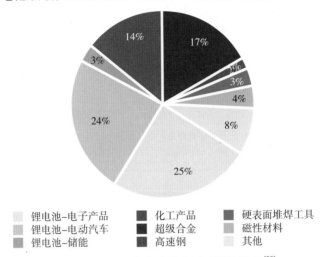

图 1-13　2020 年各应用领域对钴的需求 [20]

1.4.2.1　正常情况

各种研究机构都预测 [15, 21-22]，由于能源向可再生能源过渡，特别是在电动汽车和储能领域，对锂、镍和钴的需求将在这十年及以后经历巨大增长。全球电池联盟（GBA）预测 [15, 21]，与 2018 年相比，2030 年锂的需求增长 6.4 倍，钴的需求增长 2.1 倍，一级镍的需求增长 24 倍 [15]。国际能源署的预测更为激进，在他们的可持续发展情景（SDS）中，与 2020 年相比，2040 年锂的需求将增长 43 倍，镍增长 41 倍，钴增长 21 倍 [22]。

目前，无论是锂、镍还是钴的供应都主要来自于初级矿物资源。然而，从最初的矿山勘探到最终一个新的矿山可以正式投入运营是一个漫长的过程，通常需要十年以上的时间。正因为如此，要实现如此巨大的增长是相当困难的，锂、镍和钴矿物都有其关键的挑战 [22]，这些挑战总结在表 1-9 中，并且所有这些矿物都将在这十年中经历短缺。

表 1-9　锂、镍、钴矿物关键挑战

矿物	关键挑战
锂	锂化学品的生产高度集中在小范围区域，其中中国占全球 60% 的产量（超过 80% 为 LiOH）；南美和澳大利亚的锂矿面临着严重的气候和水资源压力

矿物	关键挑战
镍	电池级镍供应可能收紧，镍供应高度依赖于印度尼西亚的 HPAL 项目的成功，而 HPAL 项目有延迟和成本超支的记录；可选的生产工艺要么成本高昂要么排放密集；越来越多的碳排放及尾矿处理带来环境担忧
钴	高度依赖刚果的生产和中国的精炼（占比均在 70% 左右）状况将持续下去，因为只有少数项目在这些国家之外开发；手工小规模采矿供应容易受到社会压力的影响；新的供应取决于镍和铜市场的发展，因为约 90% 的钴是作为这些矿物的副产品生产的

数据来源：IEA。

IEA 预测（图 1-14），锂的供应短缺将从 2023 年开始，并伴随着缺口的快速增加，尽管供需不平衡甚至可能在 2021 年就开始了。至于钴，供应短缺将从 2024 年开始出现，并经历与锂类似的趋势。镍的供应是三者中最安全的，其不平衡只从 2028 年开始。

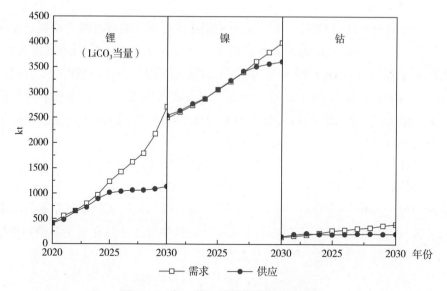

图 1-14　锂、镍和钴的供应和需求预测

数据来源：IEA。

1.4.2.2　考虑回收的情况

金属回收有可能成为二次供应的重要来源，包括物理收集和冶金加工。潜在的回收来源包括在制造过程中使用的工艺废品的尾矿和报废产品的废品。当下装机的所有锂电池，根据应用情况最终都会达到使用寿命。锂电池的正

常使用寿命一般是：消费类电子产品约 5 年，小型电动汽车约 6 年，电动汽车约 8 ~ 10 年，储能约 10 年。当这些电池退役后，它们成为含有大量锂、镍和钴等金属的宝贵资源。尤其对于动力锂电池，其容量通常高于 50 kWh，如果在其寿命结束时不能得到妥善处理，将带来严重的安全隐患和环境问题。根据循环能源存储中心（CES）的研究 [23]，预计 2030 年全球将达到使用寿命的动力锂电池约为 174 GWh，这甚至大于 2020 年的动力锂电池的总装机容量（136.3 GWh）[24]。图 1–15 列出了预计退役动力锂电池数量。

　　尽管现在已经达到使用寿命的动力锂电池不多，但其中最终被回收的部分更少，随着越来越多的动力锂电池在本世纪中叶后退役，以及更规范的回收渠道和严格的回收政策和法规。回收将成为锂、镍和钴主要来源的一个重要补充，有助于遏制原材料或电池制造供应链和价格的波动，因此可以缓解严重依赖进口这些矿物的国家的压力，并在能源安全问题上发挥关键作用。根据国际能源署最近的报告，在他们的 SDS 方案中，电动车和蓄电池的回收和再利用可以在 2040 年减少 5% 的锂、8% 的镍和 12% 的钴等矿物的初级供应需求 [22]。

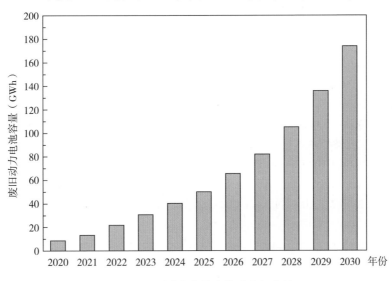

图 1–15　到达寿命终点的动力锂电池

参考文献

［1］ Chao Luo, Yunhua Xu, Yujie Zhu, et al. Selenium/Mesoporous Carbon Composite with Superior Lithium and Sodium Storage Capacity [J]. ACS.Nano, 2013, 7: 8003–8012.

［2］ Ohzuku, Tsutomu, Ralph J. Brodd. An overview of positive–electrode materials for advanced lithium–ion batteries. Journal of Power Sources, 174.2 (2007): 449–456.

［3］ 温宏炎，匡中付，丁铭奕，等 . 锂离子动力电池市场分析及技术进展 [J]. 电池工业，2020, 24(6): 326–329+334.

［4］ 田春筝，高超，唐西胜，等 . 动力锂电池产业结构及发展展望 [J]. 电源技术，2018, 42(12): 1930–1932.

［5］ 张洪杰 . 宁德时代：后"白名单"时代的新征途 [J]. 中国新闻周刊，2020，(8): 61–61.

［6］ Pollet B G, Staffell I, Shang J L. Current status of hybrid, battery and fuel cell electric vehicles: From electrochemistry to market prospects[J]. Electrochimica Acta, 2012, 84: 235–249.

［7］ 李凌云 . 中国新能源汽车用锂电池产业现状及发展趋势 [J]. 电源技术，2020, 44(4): 628–630.

［8］ Guangyuan Zheng, Yuan Yang, Judy J. Cha, et al. Hollow Carbon Nanofiber–Encapsulated Sulfur Cathodes for High Specific Capacity Rechargeable Lithium Batteries [J]. Nano Letters, 2011, 11: 4462–4467.

［9］ Liu S, Dang Z, Liu D, et al. Comparative studies of zirconium doping and coating on $LiNi_{0.6}Co_{0.2}Mn_{0.2}O_2$ cathode material at elevated temperatures[J]. Journal of Power Sources, 2018, 396: 288–296.

［10］ ZHANG Bo, CUI Guanglei, LIU Zhihong, et al. Patentmetrics on lithium–ion battery based on inorganic solid electrolyte[J]. Energy Storage Science and Technology, 2017, 6(2): 307–315.

［11］ Dai Q, Kelly J C, Gaines L, et al. Life cycle analysis of lithium–ion batteries for automotive applications[J]. Batteries, 2019, 5(2): 48.

［12］ Lu Y, Rong X, Hu Y S, et al. Research and development of advanced battery materials in China[J]. Energy Storage Materials, 2019, 23: 144–153.

［13］ Liu Q, Su X, Lei D, et al. Approaching the capacity limit of lithium cobalt oxide in lithium ion batteries via lanthanum and aluminium doping[J]. Nature Energy, 2018, 3(11): 936–943.

［14］ Guo H, Wei Z, Jia K, et al. Abundant nanoscale defects to eliminate voltage decay in Li–rich cathode materials[J]. Energy Storage Materials, 2019, 16: 220–227.

［15］ Global battery alliance. a vision for a sustainable battery value chain in 2030: Unlocking the full potential to power sustainable development and climate change mitigation[R/OL].

(2019–09–19). [2021–12–20]. https://www3.weforum.org/docs/WEF_A_Vision_for_a_ Sustainable_Battery_Value_Chain_in_2030_Report.pdf.

[16] White house. Building resilient supply chains, revitalizing American. manufacturing, and fostering broad–based growth, 100–Day reviews under executive order 14017[R/OL]. (2021– 06–01). [2021–12–20]. https://www.whitehouse.gov/wp–content/uploads/2021/06/100– day–supply–chain–review–report.pdf.

[17] U.S. Geological Survey. Mineral commodity summaries 2021[EB/OL]. (2021–02–01). [2021–12–20]. https://pubs.er.usgs.gov/publication/mcs2021.html.

[18] Antaike. Australian lithium mining corporation cooperates with LG Energy to provide 10ktpa of lithium hydroxide[EB/OL]. (2021–07–30). [2021–12–20]. https://www.antaike. com/search.php?keyword=lithium&searchtype=title&s1.x=0&s1.y=0&page=6.html.

[19] European Commission, Joint Research Centre, Fraser, J., Anderson, J., Lazuen, J., et al. Study on future demand and supply security of nickel for electric vehicle batteries[J]. Publications Office, 2021. https://data.europa.eu/doi/10.2760/212807.

[20] https://www.cobaltinstitute.org/[EB/OL]. [2021–12–20].

[21] James Eddy, Chris Mulligan, Jasper van de Staaij, et al. Metal mining constraints on the electric mobility horizon[R/OL]. (2018–04–01). [2021–12–20]. https://www.mckinsey. com/~/media/McKinsey/Industries/Oil%20and%20Gas/Our%20Insights/Metal%20 mining%20constraints%20on%20the%20electric%20mobility%20horizon/Metal–mining– constraints–on–the–electric–mobility–horizon.pdf.

[22] IEA. The role of critical minerals in clean energy transitions[R/OL]. (2021–05–05). [2021–12–20]. https://iea.blob.core.windows.net/assets/ffd2a83b–8c30–4e9d–980a– 52b6d9a86fdc/TheRoleofCriticalMineralsinCleanEnergyTransitions.pdf.

[23] Energy Storage Association. End–of–life management of lithium–ion batteries[R/OL]. (2020–04–22). [2021–12–20]. https://energystorage.org/wp/wp–content/uploads/2020/04/ ESA–End–of–Life–White–Paper–CRI.pdf.

[24] 高工产业研究院 . 2021 年中国锂电池结构件市场分析报告 [EB/OL]. (2021–04–01). [2021–12–20]. https://www.gg–ii.com/art–2690.html.

第二章 动力锂电池再生利用技术

本章主要介绍了动力锂电池回收再生利用的工艺流程和研究现状，电池再生利用技术基本包括了预处理、湿法冶金、火法冶金和直接修复再生技术，同时也介绍了工艺实现的典型设备；对目前退役动力锂电池再生利用的技术现状进行了分析，旨在对比不同技术的特点与差异、与产业的结合程度与应用情况，解析其优势及存在问题，梳理技术的发展趋势；进一步分析了再生利用技术全球产业参与者和相关知识产权布局，绘制了动力锂电池再生利用领域的技术发展路线图。

2.1 电池再生利用概述

一般认为当电池容量衰减至初始容量的 80% 以下时，即满足电动汽车动力电池退役条件。退役动力锂电池回收方式可以分为梯次利用和再生利用两大类。梯次利用主要针对电池容量降低，影响电动车正常运行，但是电池本身没有报废的情况，经过重新的检测、筛选、组装等，可以利用到低速电动车、储能电站等对能量密度要求不高的领域。再生利用是将退役的动力锂电池直接进行放电、拆解、分选和提纯等处理，提取钴、镍、锂等有价金属。一般认为，当电池实际容量衰减至额定容量的 60% ~ 80% 时满足梯次利用，低于额定容量的 60% 时需进行再生利用。

在中国，电池梯次利用的相关理论研究和示范工程起步较晚，成规模商业化运作还未开始。动力锂电池梯次利用是否真正可行仍存在争议性，分析原因包括：

①退役电池再次流入市场，存在安全风险；

②电池梯次利用前需检测、筛选、组装，成本昂贵；

③新电池产能不断攀升，价格持续下降；

④储能、低速电动车等梯次利用市场还未大规模释放。

　　梯次利用看似延长了电池的使用寿命，然而在现今电池技术快速进步，电池能量密度不断提高的背景下，延长电池的寿命相当于降低电池关键金属资源的使用效率，高效回收退役电池中的关键金属并投入到下一代高能量密度的电池生产制造，才能使资源的使用效率最大化。另外，通过对比原生、再生、以及梯次利用三元镍钴锰和磷酸铁锂电池在二轮车应用场景下全生命周期的碳排放模型预测数据（图2-1），尽管梯次电池在使用初期对比原生和再生电池确实有着更低的碳排放数值，但随着行驶里程的增加，这种优势会被使用过程中更多的碳排放逐渐抵消，并在全生命周期中产生了最高的碳排放，而再生电池在全生命周期里产生了最低的碳排放。更为重要的是，当下梯次利用的行业规范还不够成熟，缺乏科学的检测手段，涌现了大批小作坊式的加工企业，造成了大量的安全隐患。因此，相较电池梯次利用，有效的再生利用是当下处理退役动力电池更加合理的技术路线。

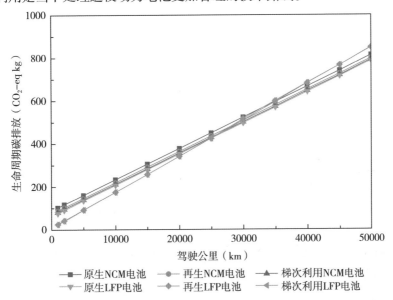

图2-1　原生、再生、以及梯次利用三元镍钴锰和磷酸铁锂电池在二轮车使用场景中的全生命周期碳排放

　　电池再生利用工艺主要包括预处理和后端再生两部分，依据后端再生技术的不同，又可分为湿法冶金、火法冶金和直接修复再生技术（表2-1）[1-3]。

表 2-1 锂电池再生利用技术方法及特点

技术名称	工艺过程	技术特点
预处理	通过放电、拆解破碎、筛选、溶解等技术,将退役锂电池各组分分离开来	废液、废气等有害组分回收处理难度大
湿法冶金	通过浸出、萃取、沉淀等多种方式,从电池材料中以单质或化合物的形式分别回收镍、钴、锰、锂等有价金属	有价金属回收率高、工艺稳定性好,但工艺流程较为复杂,且产生大量酸碱废水
火法冶金	通过还原焙烧,将退役锂电池中的钴、镍金属以铁合金的形式直接还原熔出,其他组分进入残渣	工艺流程简单、适用范围广,但设备昂贵、能耗高、有价金属品位和回收率低、易产生有毒气体
直接修复再生	通过高温焙烧补锂等方式,对废旧电池材料进行结构修复和性能再生	工艺流程短、成本低、能耗低,但工艺适用范围受限

2.2 预处理技术

预处理(图 2-2)的目的是分选隔膜、外壳以及铜铝粒等资源,并收集正负极粉料进入湿法冶金,同时避免过程中的二次污染。通常拆解过程可以依据处理目的不同,分为放电破碎、电解液处理、隔膜金属回收、正负极粉制备以及铜铝分离四个阶段。

①放电破碎:单体电池先经过放电,然后在气体保护下进行破碎,气体保护的目的是确保电池破碎过程中不产生爆炸和燃烧,破碎产物进入低温烘干装置,保证在尽可能短的时间内将电解液挥发。目前中国有很多电池回收厂家在尝试带电破碎,但是处理量稍大(超过 1t/h)仍会引起电池起火爆炸。

②电解液处理:布袋集尘装置收集破碎和电解液处理过程中产生的粉料,随后电解液进入冷凝处理,未冷凝的气体经碱液喷淋,除去 F、P。近年来,各国政府非常重视环境保护,要求企业生产过程中的废气、废水、固废必须严格控制。

③隔膜、金属等物质回收:隔膜通过风选回收,再通过磁选的方式分离铁镍,剩余物料进入摩擦制粉。

④制粉及铜铝分离:正负极片通过高速摩擦的方式制粉,再用高温使剩余电解液和粘合剂裂解,筛下收集正负极粉,进入后端冶金工艺,筛上铜铝再通过比重分选的方式分开。

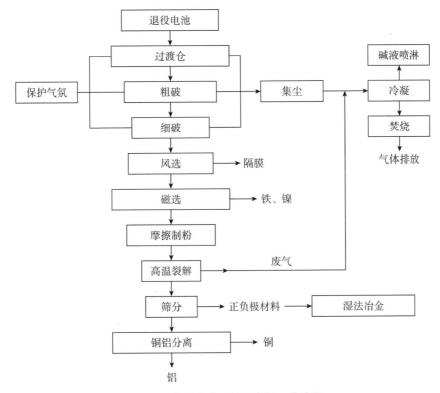

图 2-2 单体电池预处理常规工艺流程

2.2.1 单体电池放电

在对退役动力锂电池综合利用过程中，由于电池残余电压的存在，在后续拆解、破碎过程中容易由于电池短路而大量放热，甚至可能出现爆炸等危险状况，引发事故，为实现安全拆解，退役动力锂电池拆解前应进行放电处理。

当前放电方法有三种，一种是化学放电，将电池浸泡在盐溶液（NaCl、Na_2SO_4、$CuSO_4$、$ZnSO_4$、$FeSO_4$、$MnSO_4$）中，通过电解过程消耗电池中残余的电量。电解反应以及电解质溶液与电池正极结构反应使得电池结构遭到破坏，电极材料失去活性，电池内部发生微短路或者电荷转移，从而加快电池失效。浸泡法的优点是能够将电池中的剩余电能完全释放出来；同时放电过程中，电池也不会出现过热的现象。缺点是浸泡所需的时间长，盐水难处理。

另一种方法是物理放电，采用导线、负载和电池形成串联放电。除导线和负载外，也常用石墨粉、导电胶等物质充当电路介质。优点是放电快、成本低，缺点是短时间内会积聚大量的热，可能导致电池爆炸。

最后一种方法是放电柜放电，能够监测退役电池剩余电压，但设备及作业成本较高，生产效率较低，实际生产中使用较少。

2.2.2　机械分离

2.2.2.1　破碎

电池单体中的硬质结构主要有外壳和正负极片，主要构成金属为铁、铝、铜等，此类金属的延展性和韧性较好，采用常规破碎手段无法将其破碎，因此选择的破碎机应为以剪切力为主的剪切式齿辊破碎机。此类破碎机通常分为单轴、双轴和四轴等，双轴齿辊破碎机具有扭矩大、物料适应性强等特点，适合电池物料的破碎。但电池破碎通常需要将其粒度降低到很小，因此破碎比较大，而单个双轴齿辊破碎机难以实现这样的破碎比，因此会采用两级双轴齿辊破碎机串联的方式或者采用四轴破碎机，来保证足够的破碎比需求，同时保证出料均匀。除此之外，在锂电池回收领域中，还有锤式破碎机和粉碎机的应用。

（1）破碎齿

破碎齿对物料的作用过程主要分为以下三个阶段：

1）筛分阶段

当全部混合物料给入破碎机时，粒度在要求范围内的物料会沿齿间空间和齿的侧隙以及齿辊与侧面梳齿板之间的间隙直接通过破碎齿棍排出，其效果与滚轴筛的旋转筛分分级效果类似，同时位于两侧破碎辊和梳齿板间的粒度大于要求的物料会被卷入到两破碎辊之间的破碎腔内进行下一步破碎。

2）大块咬入阶段

当遇到粒度大于要求粒度的物料时，齿会对物料进行刺、剪、撕拉等作用，使物料破碎，在这一过程中，物料进入到相对运动中的齿间时，首先会受到交错的齿尖对其的刺破和剪切作用，若此时大块物料未被击碎，则会进行进一步撕拉。破碎后的物料会被齿啮入，并进行三段破碎，如果物料仍然没有被破碎，则齿会沿物料表面强行滑过，靠齿的螺旋分布，将物料翻转，下一对齿会继续对其作用，直到将物料破碎至能被啮入为止。

3）深度破碎阶段

在二段破碎中，如果物料已被初步破碎，并成功被齿辊啮入，那么将会进行三段深度破碎阶段。在本阶段中，主要依靠当前一对齿的前刃和对面一对齿的后刀的剪切、挤压作用而使物料破碎，这一段的破碎工作从物料被啮入开始，到前一对齿辊脱离啮合为止。表现为一对齿包容的截面由大变到最小的过程，在这过程中，破碎机边破碎边排料，大粒度物料会由于包容的体积逐渐变小的缘故而被强行挤压破碎，破碎后的物料会被挤出，从齿侧间隙漏下。当前一对齿开始脱离啮合时，齿间包容的截面积开始从最小逐渐增大，经第三段破碎的物料，伴随两对齿的分离而下漏排出。

至此，一对齿的破碎行程结束，因此在齿辊运转一周时，齿辊上有多少对齿，这样的过程就会进行多少次，循环往复，将给入的物料进行重复筛分，并进行刺、剪、撕拉、啮入、剪切、挤压的破碎作用。

（2）分级破碎机

分级破碎机采用加固定齿条（亦称劈裂棒）的方式以增加单台设备的破碎比。此结构优点是在不增加设备高度的前提下增加了单级破碎比，缺点是靠挤压破碎，过粉碎严重，齿的磨损快、功耗大且不易维护等。

1）单轴剪切式齿辊破碎

单轴剪切式齿辊破碎通常用于锂电池破碎的二级破碎，用于将粗碎后的物料进行进一步破碎，出料粒径在 10 ~ 120 mm，粒径相对均匀。后续可以进入烘干或者淋洗环节去除隔膜与粘结剂（PVDF 等）。

单轴剪切式齿辊破碎机也叫细破碎机、单轴撕碎机，是利用可移动或可旋转刀具（下文称动刀）与固定刀具（下文称定刀）相互作用，达到剪切效果，并通过筛网使符合粒度要求的物料落下，通过撕碎、挤压、剪切等方式将物料加工到较小粒度，被广泛应用于各种固体废弃物的细碎，具有出料粒度小、筛网可更换、物料适用性广、效率高等特点。

进入单轴破碎机后的电池物料在液压油缸的驱动下被推盘推向刀轴。电机的动力由皮带的传动作用输送给减速机，减速机的运行驱动刀轴转动，通过定刀和动刀对物料进行切割破碎，符合筛网尺寸的成品透过筛网落下，筛上物返回重新破碎。

动刀由螺栓固定于刀轴的刀座上，当设备运行时，通过动刀和定刀的切割破碎将物料撕碎，动刀与定刀之间的间隙可通过螺栓进行调节。撕碎后的物料颗粒经筛网排出，出料粒度由筛网孔决定。

2）四轴剪切式齿辊破碎

四轴剪切式齿辊破碎机又称四轴撕碎机，是利用刀具之间的旋转，产生相互剪切、撕裂、挤压的作用，对物料进行加工，用于各种固体废弃物的破碎,可以将物料一次性加工到较小的粒度,常被用于城市生活垃圾(MSW)处置、资源再生、垃圾焚烧预处理、水泥窑协同预处理等环保领域。该设备采用低转速、大扭矩设计,剪切力大,设备稳定,出料均匀。

四个液压机或电机分别驱动四个刀轴正反转动,上排刀轴与下排刀轴配合进行物料的初破并兼有拨料、喂料的功能,二级破碎主要由下排刀轴配合进行剪切、挤压、撕裂等过程完成,出料产品的尺寸大小主要由刀轴上安装的刀片厚度及筛网的开孔大小决定。

四轴破碎机的出料尺寸通过筛网来控制,物料被一次切削后,颗粒尺寸比筛网孔小的物料将从网孔出料,尺寸比网孔大的物料,通过主切削刀和副切削刀的导向作用,沿着筛网内表面返回到破碎箱进行二次切削,如此循环,直到物料能够从筛网孔出料为止。

3)锤式破碎

锤式破碎是通过冲击的形式来对物料进行破碎,有单转子和双转子两种形式。其破碎尺寸比较大,适用于大型物料的粗破,其最大入料粒度可达600 ~ 1800 mm,出料粒度 ≤ 25 mm。在水泥、化工、电力、冶金等行业中均有广泛应用,锤式破碎机适用于中等硬度的物料,被破碎物料的抗压强度不超过 150 MPa,如石灰石、炉渣、焦炭等物料。

锤式破碎机工作时,驱动装置带动转子作高速旋转,物料进入破碎机后,高速回转的锤头冲击、剪切、撕裂物料,同时由于重力的作用会使物料从高速旋转的锤头冲向架体内挡板、筛条,大于筛孔尺寸的物料留在筛板上继续受到锤头的打击和研磨,直到破碎至所需粒度最后通过筛板排出。

锤式破碎的优点是:破碎比大(一般为 10 ~ 25,高者达 50),生产能力高,产品均匀,过粉现象少,单位产品能耗低,结构简单,设备质量轻,操作维护容易等。它可以把大小不同的原料破碎成均匀颗粒,以利于下道工序加工,机械结构可靠,生产效率高,适用性好。

锤式破碎的缺点是:锤头和蓖条筛磨损快,检修和找平衡时间长,当破碎硬物质物料时,磨损更快,消耗金属材料多;破碎粘湿物料时,易堵塞蓖条筛缝,为此容易造成停机(物料的含水量不应超过 10%)导致生产能力降低。

4)粉碎

粉碎是将较小尺寸的固体原料粉碎至要求细微尺寸的物料。粉碎通常由粗碎、细碎、风力输送等装置组成,以高速撞击的形式达到粉碎的目的。主要应用矿山、建材等多种行业中。在电池回收行业中,粉碎主要应用于粗碎后的细碎环节，凭借集流体和电极粉的延展性和柔韧性不同，依靠冲击力、碾压力以及剪切力的作用将其粉碎成不同粒级的产物，从而通过筛分来使其分离。

　　粉碎机在生产过程中主要有球磨机、棒磨机以及搅拌磨机。球磨机和棒磨机是由水平的筒体、进出料空心轴及研磨介质等部分组成。筒体为长圆筒，筒内装有研磨介质，筒体通常为钢板制造。研磨介质一般为钢制圆球或棒，其中圆球通常是不同直径的，并按一定比例装入，以满足一定的级配；而棒则是会装入一定数量长短、粗细各不同的钢制或铁质圆棒。各比例可按物料性质的不同进行改变，物料由球磨机或棒磨机的进料端空心轴装入筒体内，当筒体开始转动的时候，研磨介质由于惯性、离心力和摩擦力的作用，使它附在筒体上被筒体带走，当被带到一定高度的时候，由于其本身的重力作用而被抛落，下落的研磨介质像抛射体一样将筒体内的物料给击碎。

　　搅拌磨机在工作时，研磨介质在搅拌转子的带动下做回转运动，包括公转和自转，物料进入搅拌桶后与搅拌中的研磨介质发生碰撞、挤压、摩擦。在整个桶体内剪切力和挤压力一直存在，这是由于沿径向方向，物料和介质的运动速度不同，沿轴向方向，各层之间物料和介质的运动速度也不相等，存在速度梯度。在搅拌转子附近物料粉碎效率高，介质和物料除了做圆周运动外，还存在不同程度的上下翻滚运动，有一部分磨球与搅拌器发生冲撞、摩擦，在搅拌器附近还存在一定的冲击力。

2.2.2.2　筛分

　　筛分是将粒子群按各粒子所具有的不同的粉体学性质进行分离的方法。通常筛分是依据粒子的粒度差异来进行分离的，实质是物料按粒度分级的过程，常与粉碎相配合，使粉碎后的物料粒度更加均匀，以保证合乎一定的要求或避免过粉碎现象的出现。电池分选领域需要借助筛分装置对破碎或粉碎后的物料进行分级处理，然后才能进入下一分选作业，常用的筛分设备主要有振动筛、弛张筛等。

　　（1）振动筛分

　　振动筛分是将颗粒状物料通过一层或几层筛网使其按照尺寸大小分成若干粒度级别的工艺过程，其主要依靠筛网来完成分级任务。为了使颗粒拥有充分的透筛机会，颗粒的最大尺寸应小于筛孔尺寸。但当颗粒尺寸过小时可能会出现以下情况：①以很快速度沿筛面运动；②下落时碰撞到筛面上；③颗粒与颗粒之间相互挤压，在晒网上形成拱起，阻碍颗粒透网，这使得筛孔比颗粒大6倍时也难以透筛。

振动筛具有带平面筛面的矩形筛箱，筛箱用弹性元件支撑（或吊挂）在机架上并用激振器进行激振，因而它做弹性振动，振幅受给料及其他动力学因素的影响，可以改变。振动筛多采用高振频、低振幅的方式使物料在筛面上作跳跃运动，处理能力和筛分效率都较高。

筛分效率可以由以下公式计算得到：

$$F = \frac{a-b}{a(1-b)}$$

式中：a—物料中筛下物的含量，%；

b—筛上物含筛下级别的含量，%。

（2）弛张筛分

弛张筛的筛网由可以伸缩的聚氨酯橡胶材料制成，在工作时，筛网交替张紧和松弛，使物料产生弹跳运动，可避免物料粘附筛网并堵塞筛孔。同时，由于采用了挠性筛板，使物料被抛射加速度达到重力加速度的 30 ~ 50 倍，因此在避免筛孔易堵塞问题的同时提高了筛分效率，并增大了处理量。在实际应用中，有效地解决了粘湿物料的堵孔问题，简化了工艺流程。目前，我国常用的弛张筛主要分为机械式和振动式两种。机械式弛张筛又叫曲柄连杆式弛张筛，主要以 Liwell 弛张筛为代表，工作频率为 500 ~ 600 r/min。振动式弛张筛是在传统的圆振动筛或直线振动筛的基础上发展而来的，它能有效防止筛孔堵塞，提高物料筛分效率，振动式弛张筛的工作频率大多为 800 r/min 左右。

2.2.2.3 气流分选

气流分选是指以空气为分选介质在气流的作用下使颗粒按密度或粒度进行分离的技术。气流分选的基本原理是在一定的风速范围内气流将"较轻"的颗粒向上带走或沿水平方向带到较远处，而"较重"的颗粒则由于上升气流的作用力不足以抵消其重力而沉降或由于颗粒具有足够的惯性，其主要运动方向不能被水平气流改变从而穿过气流沉降，被气流带走的轻物料，再进入旋风分离器进行气固分离和除尘，然后排出。

具体到锂电池拆解上，风选机主要用于将电池中的轻质隔膜或重质外壳去除以及后续在大极片状态下，将集流体分离。气流分选可按分选段气流的运动方式分为恒定气流分选和脉动气流分选，脉动气流分选可分为主动脉动气流分选和被动脉动气流分选。

（1）恒定气流分选

恒定气流分选可分为立式和卧式两种，其主要是通过向分选机内通入气流来使分选机内的物料分离。多用于密度差异比较大，分选精度要求不高的领域，其优点是处理量大，结构简单，能耗低，污染小且不需要任何介质。

立式恒定气流分选，也可以认为是第一代气流分选，通过鼓风机向直筒分选柱内通入恒定气流，从而实现物料的分离。但其只适用于密度差异很大，粒度和形状差异很小或粒度差异很大，密度和形状差异很小的物料。对于形状差异较大的物料或粒度和密度差异都有一定差异的物料时，其分选精度很难保证，尤其是当固体颗粒的密度远大于空气密度差异时。因此，随着时间的推移，立式恒定气流分选在逐渐淡出历史舞台。

卧式恒定气流分选机是在生活垃圾机械分选中常用的设备。通过调节风机的角度、进风速度，定量给入物料在下降过程中被送入的气流吹散，各种组分按不同运动轨迹分别落入不同的收集槽内，从而达到分选目的。卧式气流分选的优势在于处理量大、结构简单、分选粒度大，可进行多组分分选（两种以上），但同样分选精度不高，仅适用于密度差异很大的物料分选，因此在垃圾分选领域被广泛应用于垃圾的预分类。

（2）主动脉动气流分选

主动脉动气流分选是一种通过向设备通入周期变化的气流，来强化被分选物料按照密度分离的一种设备。分选区域内低密度颗粒可以获得比高密度颗粒更显著的加速度效应。一定程度上克服了传统气流分选中，颗粒在气流运动中出现的等沉现象，导致分选效率差的问题，最大程度实现了物料按密度分选。

主动脉动气流分选产生的脉动风可分为全脉动和部分脉动两种，全脉动是指在气流分选过程中通入的全部气流均为脉动气流，其只需要一个主动风机和一个脉动阀即可，具体计算公式为：

$$v = v_0 - v_0 \mid \sin(\omega t + \psi) \mid$$

式中：v ——脉动风速，m/s；

　　　　v_0 ——主动风机风速，m/s；

　　　　ω ——角频率，s^{-1}，周期为 $2\pi/\omega$；

　　　　ψ ——初相位。

部分脉动是指在恒定气流的基础上添加一个较小的脉动风量，其需要两个风机，一个作为主动风机提供恒定气流；另一个作为脉动风机，并添加脉动风阀，提供脉动风，具体计算公式为：

$$v = v_0 - v_1 \mid \sin(\omega t + \psi) \mid$$

式中：v—脉动风速，m/s；

$\qquad$ v_0—主动风机风速，m/s；

$\qquad$ v_1—脉动风机风速，m/s，通常为主动风机风速的 5%～20%；

$\qquad$ ω—角频率，s^{-1}，周期为 $2\pi/\omega$；

$\qquad$ ψ—初相位。

全脉动气流分选更适合颗粒密度相差较小的物料分选，因为其气流速度变化更大，不同颗粒产生的加速度效应差异也更大，通过一定时间的周期震荡更容易实现分离，但由于其气流速度变化较大，会导致轻物料在分选柱内停留时间更长，分选效率会降低；部分脉动气流分选更适合颗粒密度相差较大的物料分选，因为相对密度差异较大的颗粒而言，一个较小的气流波动即可实现颗粒的分离，同时由于主动风机会提供一个相对较大的恒定气流，会使轻物料快速排出，从而提高分选效率。

脉动气流的脉动频率对不同密度的物料起到的加速效果不同，直接影响分选的最终分离效果，最佳的脉动频率需根据物料的不同组分，进行相对应的理论分析与实验验证，得到适用于锂电池回收的脉动频率。

（3）被动脉动气流分选技术

与主动脉动气流分选技术相似，被动脉动气流分选技术同样是通过气流的脉动作用来增大不同颗粒的加速度效应的差异，从而强化物料按密度分选，进而提高分选精度。不同的是被动脉动气流分选是依靠设备本身的结构来近似产生脉动气流的，其实际通入的气流为恒定流，当分选机直径发生变化或增加不规则结构时，经过的气流流速就会发生变化，从而产生脉动的效应。被动脉动气流分选可采用全引风的形式来产生恒定气流，相比于鼓风，引风的优势在于能更好地使气流均匀分布在分选机内。

被动脉动气流分选主要有转折式（Z 字型）、阻尼式、变径式三种。

转折式脉动气流分选是将分选段变成 Z 字型结构，当气流在经过时会使其改变原本的层流状态，产生紊流现象，从而提高气流分选效果。另一方面，由于转折结构的加入，会使转折结构两板间的气速呈现中心高边壁低的特点，这使得低密度物料会有向中心移动的趋势，而高密度物料会有向边壁移动的趋势，越靠近边壁附近气速越低，越有利于重产物向下排出，从而能够在一定程度上克服形状和粒度对物料分选过程的影响，使物料更好地按密度分选，从而提高气流分选的分选效率。

影响转折式气流分选效率的因素主要有转折板的角度、板间距离以及转折次数。相较于竖直方向转折板角度越大，越有利于重产物落下，轻产物中的错配物越少，但过大的转折角度也会使轻产物难以排出；板间距离越小中心到边壁气速变化越快，越有利于轻重产物分离，但会使处理量下降，同时容易出现堵塞现象；转折次数越多，有效分选时间越长，分选精度越高，但会增加分选机的高度，降低处理效率。因此只有调整出合适的转折板角度、板间距离以及转折次数才能使转折式气流分选的效率最大化。

阻尼式脉动气流分选是在传统气流分选机中的分选段加入阻尼块，使气流在经过分选段时产生加速或减速效应，从而产生脉动气流，实现促进物料按密度分离；变径式脉动气流分选机则是直接将分选段的直筒结构变成变径结构，变径结构多为渐阔段和渐缩段的组合形式，其产生脉动气流的方式和阻尼式脉动气流分选机类似，都是通过分选段直径的改变使经过的气流流速发生变化，从而实现脉动气流的产生。

2.2.2.4 浮选

浮选分离技术作为细颗粒级矿物分选的重要手段，其在废弃电池资源化再生利用过程中也扮演着重要角色。废弃锂电池材料经由拆解、破碎后，大颗粒极片通过风选和重选实现正负极材料和箔片的分离，而破碎产生的粒度为 10 ~ 50 μm 的细颗粒物主要含有正极活性材料和负极石墨粉，这部分废料也具有一定的回收价值。基于正极活性材料和石墨的密度差异性常采用风选和重选来进行分离，但这部分混合料粒度较细，密度差异已经不能为其分选提供帮助。浮选分离技术基于混合物料表面性质差异造成的亲疏水不同来实现两者的分离。就电池材料而言，正极活性材料大多属于亲水性材料，石墨则具有强疏水性，所以浮选分离细颗粒正极活性材料和石墨混合材料几乎成为了必然选择。常见的浮选流程如图2-3所示，混合电极材料一般经过表面改性后进入浮选体系，可根据产品品质需求增加或减少浮选工艺流程。

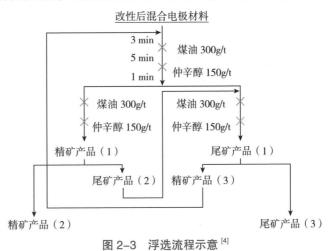

图2-3 浮选流程示意[4]

由于正极活性材料与石墨具有相反的表面疏水性能，浮选分离分别回收正极材料和石墨是一种比较理想的方法。但因为正极材料和石墨表面被有机粘结剂覆盖，使其表面性质差异性降低，为了达到浮选分离的目的，对电极材料表面进行合理改性是很有必要的。针对这一关键技术难点，目前主要的处理方式有三种，分别为：高温焙烧、机械研磨、有机氧化溶解。何亚群团队分别对这三种方式进行了实验室研究。在高温热解方面[4]，他们认为通过热解的方式脱除电极材料表面有机粘结剂和残留电解液，能够实现正负极材料颗粒间的相互解离，从而使得正负极材料表面最初的亲疏水性能暴露出来。负极石墨表面的有机粘结剂减少，疏水性以及对捕收剂的吸附能力均得到增强；正极材料表面则因为亲水性因子增多，与水之间的亲和力增强。热解处理能够强化正、负极材料颗粒表面的亲、疏水性质差异，使得两者电极材料的浮选分离效率提高。目前他们得到的最佳热解温度为550℃，经过热解后续采用两段浮选工艺相结合的分选后，正极材料的品位可达98.00%。在机械研磨方面[5]，他们认为锂电池正负极片是通过有机粘结剂将电极材料颗粒、导电剂以及其他添加剂以层合结构胶合在集流体材料上的。电池材料表面的粘结剂在低温状态下变得脆化，所以采用低温研磨的方式能够使粘结剂被磨蚀剥离，从而暴露出电极材料颗粒的亲疏水性表面；同时，石墨的层状结构遭到破坏，产生了较多的片层状新生表面，正极材料与石墨表面的性质差异愈加显露出来，浮选分离的效率也随之得到提高。在有机氧化溶解方面[6-7]，他们认为 Fenton 试剂可以使钝化膜中的有机碳酸酯有效地氧化降解，同时高分子 PVDF 将会分解为诸如 $-CF_2CF_2-$ 和 $-CF_2CH_3$ 等小分子，其对应的粘结作用随之失效，钝化膜随之解体，正极破碎产物的表面也随之得到活化改性。Fenton 氧化相对来说更加温和，对颗粒表面钝化膜的降解只能作用于颗粒的外表面部分，对于一些被颗粒遮挡的部分则无法深入反应，因而改性后仍会出现颗粒团聚的现象，但该方法可以防止石墨的过氧化，保持石墨的原始晶型，从而提高浮选分离的效率。

就工业应用而言，这三种方式都未得到实质性的产业化应用，但为后续浮选工艺提供了理论基础和技术指导。目前，浮选工艺大多应用在选煤行业，在电池资源化回收行业还未得到推广和应用，但这仍是电池回收预处理过程阶段可以考虑的关键技术。浮选技术关键点在于正负极黑粉分离效率和产物品位，通过调整浮选药剂、浮选工艺优化以及浮选设备选型等实现高效率分离以及高品位产物输出，为后续浸出工艺降低难度。

2.2.3 热处理分解

在锂电池回收过程中，热解设备主要应用于有机质的分解脱除过程，通常用作电极材料有机粘结剂的脱除以及电解液和隔膜的热解处理。

（1）回转窑

回转窑是指旋转煅烧窑，按处理物料不同可分为水泥窑、冶金化工窑和石灰窑。由于回转窑可以在密闭状态下惰性气体氛围中进行热解，因此，在锂电池回收工艺中，主要用于电极片有机粘结剂的脱除和电解液的热解。有机粘结剂的脱除温度为 450～600℃，时间为 1～2 h，电解液的热解温度为 180℃，因此可对有机粘结剂和电解液在负压惰性气体环境中进行同步热解脱除。

（2）微波钢带窑

微波钢带窑主要应用于空气气氛下大批量非金属材料的焙烧。该设备具有能量利用率高、烧成周期短、生产效率高、日产量大、产品受热均匀、产品品质好、自动化程度高、安全可靠、占地面积小、无环境污染等特点，适用于空气气氛、富氧气条件下非金属材料的烧结合成、分解及排胶等。微波钢带窑可用于隔膜的去除。

（3）微波辊道窑

微波辊道窑是以辊子的转动来对物料进行运输、热解的隧道窑，是一种连续烧成窑，其加热的方式是微波加热，因此叫做微波辊道窑。其主要应用于矿物的干燥、热解、焙烧、煅烧、烧结等，如金属氧化物矿的碳热还原，金属硫化物矿的脱硫等。在锂电池领域其可用于电池正极材料的干燥和合成，亦可用于回收过程中为锂电池电极材料脱除粘结剂。

在工作过程中，物料可直接置于辊子上或通过热板将物料放在辊子上，辊子的不断转动，可使物料依序前进。每根辊子的端部都有链轮，链条可带动其自转，运行时将链条分若干组传动一次来保证工作过程中的传动平稳、安全。低温处的辊子用耐热的镍铬合金钢制成，高温处则以耐高温的高铝陶瓷如刚玉瓷等作为辊子。微波辊道窑加热室的上下方，采用微波加热，对室内物料进行加热、干燥、热解、焙烧、烧结。微波入口与辊道之间，有耐火材料隔离，不直接接触被烧制的产品。

微波辊道窑由于采用了高稳定度、长寿命、连续式工业级微波源，确保装备连续稳定长时间运行，产能巨大，微波功率、窑长按需设定，窑腔横截面大，大尺寸物料同样适用，微波功率分布科学，温控精确，适用空气、氧气、氮气、弱还原等多种气氛，同时可随时切换，精确控制，温度场均匀可控，工艺可控性好更加节能，自动化程度高。

（4）炭化机

炭化机由气化系统、烟气净化系统、炭化系统、冷却系统四大系统构成，所有内部件采用坚固耐用的特种耐高温贵重金属钢制成，不变形，不氧化，保温性能好，操作简单，安全可靠。由于是在密闭环境中进行，因此其在锂电池回收领域可应用于有机粘结剂的脱除。

炭化机是将物料先经过气化系统燃烧，产生烟气，经过烟气净化系统过滤后，将物料传输进炭化系统进行燃烧，达到一定温度时，添加炭化的物料，经过管道的传输，使物料在炭化机内燃烧，有机物燃烧需要满足三点：热量、氧气和有机物，因为炭化机内几乎是密闭空间，满足不了氧气的需求，使物料在炭化机内部 800℃ 高温下，经过对炭化机内部输送装置快慢的调整不会燃烧成灰，只会燃烧成炭。在锂电池回收过程中，可通过调节炭化温度，在保证电极粉不被炭化的前提下，实现粘结剂的脱除，在炭化机内燃烧的物料所产生的烟气经过烟气净化的处理后，重新回到炭化机内进行燃烧，使机器的热能连续运转，达到无烟、环保、连续的效果，由此可以看出此过程产生的有机废气都可重复利用在炭化机上。最后的冷却系统可使排出的物料温度快速下降至 50 ~ 80℃，大大提高了处理效率。

2.2.4　溶剂溶解分离

锂电池再生利用的主要高价值资源主要集中在正极材料上，现有实现各种正极材料和集流体分离的方法，或破碎，或酸碱浸出，或高温煅烧，存在能源以及物料消耗大、正极材料和集流体分离不彻底、无法有效回收铝元素、无法实现生产原料循环利用等缺点。在正极片中，正极材料被粘结剂固定在铝箔上，现有处理工艺是将正极材料元素，如镍、钴、锰、锂等元素，通过酸碱浸出或煅烧 – 浸出的方法转入溶液中，再采用萃取的方法提取这些元素。在这个过程中，铝极易随正极元素一起进入浸出体系，不但难以回收，还会加大正极元素萃取回收工序的难度。若是能够在不改变铝箔形态的条件下，使其与活性物质分离，这样不仅可以彻底分离活性物质，也可以使得铝片直接回收利用。因此，只要将粘结剂的粘结作用破坏，就可以实现活性物质粉末与铝箔的整体分离。问题的关键主要在于有机粘结剂的去除，而其去除方式除了加热挥发，也可以采用有机溶解的方式实现。

溶剂溶解[8]是一种基于"相似相溶"原理去除有机粘结剂的方法，对于溶质和溶剂两种不同的分子，当溶质与溶剂分子之间的吸引力强于溶质或者溶剂分子自身内部分子间吸引力时，溶质就会溶解于溶剂中，从而形成溶液。溶质和溶剂分子之间的相互吸引力与它们自身的极性有关。如表 2-2 所示，不同极性分子之间的相互作用存在较大的差异，因此，对于电池中的有机粘结剂需要根据其特性选择合适的溶剂来实现有效去除。

表 2-2　溶质与溶剂分子之间的相互作用

溶质 A	溶剂 B	相互作用			溶解度
		A–A	B–B	A–B	
极性	极性	强	强	强	可能较高
极性	非极性	强	弱	弱	可能较低
非极性	极性	弱	强	弱	可能较低
非极性	非极性	弱	弱	强	可能较高

目前市场化的锂电池粘结剂材料主要分为水系和油系，水系粘结剂主要有羧甲基纤维素钠（CMC）、丁苯胶乳（SBR）、LA132 等，油系以聚偏氟乙烯（PVDF）树脂为主，是偏氟乙烯（VDF）均聚物或 VDF 与其他少量含氟乙烯基单体的共聚物，其重复单元为 $-CH_2-CF_2-$。对于水系有机粘结剂，其极性较弱，选择与水的性质相似的溶剂如一些有机酸，就可使活性物质与集流体有效分离；而对于具有较强极性的 PVDF，合适的溶剂应该是极性有机溶剂（表 2-3）。常见的 PVDF 有机溶剂有 N- 甲基吡咯烷酮（NMP）、二甲基乙酰胺（DMAC）、二甲基甲酰胺（DMF）、丙酮等，这些分子结构中都含有至少一个羰基集团，该基团有较强的极化效应，使得这几种有机溶剂都具有较强的极性，与 PVDF 刚好有着相似相溶的一致性。但有机溶剂黏度较大，溶解后得到的活性颗粒较细，造成固液难以完全分离的问题，为后续对有机溶剂回收循环利用增添了难度。同时，有机溶剂的成本较高且用量大，产业化回收系统的建立需要投入较大资本，部分有机溶剂对生态环境和工人的身体健康有着潜在危害。

表 2-3 常见有机溶剂溶解电极材料实验室参数 [8]

溶剂	试验条件	试验优缺点
NMP	剪成小极片电极材料，900℃，5min 锂电池，100℃，1h 锂电池中的生产废料，80℃，15min	后续溶酸分离 需要 NaOH 除铝箔 溶解效果一般
DMAC	锂离子纽扣电池，120℃，12h	时间较长
DMF	钴酸锂电极碎片，60℃，1h	溶解速率较慢
DMSO	溶解 PVDF，60℃，30min 搅拌	溶剂有毒
THF	溶解 PVDF，60℃，30min 搅拌	溶剂有毒

2.2.5 碱溶分离

锂电池的正极材料是涂覆在铝箔上面的。铝是一种两性金属，利用它能与碱溶液反应、而钴酸锂不与碱溶液反应的原理，可以将电池拆分得到的材料浸泡在碱溶液中，铝箔溶解成为偏铝酸钠，进入溶液。不溶解的物质，包括正极材料、粘结剂、乙炔黑等进入残渣，从而达到分离的效果。这个方法操作容易，工艺简单，可实现工业化大规模生产。如图 2-4 所

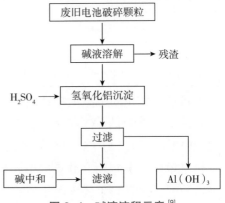

图 2-4 碱溶流程示意 [9]

示，在对拆分之后的电池正极进行破碎后，采用 NaOH 浸泡的方法，除去铝箔，从而使铝以 NaAlO₂ 的形式溶解到碱液中，剩余的残渣进行后续处理，进而实现铝与钴、锂的分离。最后用硫酸溶液调节碱浸液的 pH 值，将铝元素以 Al(OH)₃ 的形式沉淀回收。但是由于极片上涂覆正极活性物质的原因，碱溶液不能与基底的铝箔进行有效的接触，势必会影响到碱溶液与铝的反应，所以需要将极片进行粉碎，以利于铝的溶解分离。

2.2.6 超声波强化分离

随着科学技术的快速发展，超声波技术的应用越来越广泛。20 世纪以来，冶金工程、材料工程、生物工程等领域开始广泛采用超声技术来强化分离和浸出。在电池回收方面，该方法主要分为超声波分层强化活性材料与集流体分离、超声波强化浸出。

超声波分层可以提供一种快速、可持续分离两种物质的方法。这项技术不仅明显比湿法冶金和火法冶金更高效、更环保，而且它还可以生产出纯度更高的材料。有学者[10]提出了一种新的回收模式，即用高强度超声波回收锂电池。如图2-5所示，在一定超声频率和功率下，充满蒸汽的空化气泡随机形成，经过大量震荡和膨胀后在活性成分的表面爆裂，空化气泡的爆裂作用力比粘合剂作用力更强，从而使得活性材料与集流体完全分层。该方法没有破坏活性材料的结构，有望将回收的活性材料直接送回电池生产线，这将会是电池回收技术的一个重大突破。但超声脱层的功效受限于粘结剂的类型和分子量，同时由于炭黑添加剂的存在，导致较细颗粒无法过滤回收，相应的废水处理也是一个潜在的问题。

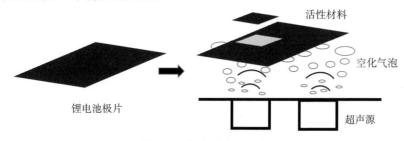

图 2-5　超声波分层示意

超声波强化浸出[11-12]主要是通过超声波在液体中的空化效应，当浸出表面受到超声波辐射时，产生大量微气核空化泡，并产生起泡振动—生长—收缩—破裂等一系列动力学过程，从而强化传质过程，如图2-6所示。超声波主要是通过促进对流运动，增加固液接触面积，从而加快了浸出效率，而且还提供了大量的能量，有利于废料的溶解。在负压阶段，液体介质中形成数以百万计的微小真空孔，溶解在溶液中的气体进入这些孔并产生大量气泡。这个过程称为"空化"。在正压阶段，空化气泡在绝热压缩过程中被压碎，气泡破裂时释放出巨大的能量。因此，破碎的气泡在气泡周围的固液界面产生了非常高的压力（> 70 MPa），有助于提高浸出效率。超声的空化作用大大加快了酸的解离和与金属元素的螯合过程。

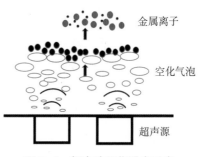

图 2-6　超声波强化浸出示意

2.2.7　机械化学强化分离

机械化学是近年来在环保、冶金、材料制造等高新技术领域兴起的交叉学科。机械力通过对各种凝聚态物质作用，使得研磨物料发生破碎、细化等一部分转化为机械能的直观变化，还有一部分则被储存在颗粒体系内部，这部分能量会使其表面结构、表面性质、表面成分及晶格结构产生畸变和等离子态化。采用诸如摩擦、碰撞、冲击、剪切等机械作用力，使物料发生破碎、变形以及各种塌陷，致使物料内能增大、反应活性提高的过程，则被称为机械活化。由于在机械力作用下晶体结构发生明显的改变，其物理化学性质也发生相应的变化，比如密度减小、溶解度升高、熔点降低、导电性能提高、表面能增加，表面吸附和反应活性增大等。影响机械化学反应的因素有很多，其具有与常规性的化学不同的特征，比如，它可以诱发产生一些常规难以实现的化学反应；可以改变反应物的热力学性质，使某些机械化学反应能按照常规条件下热力学不可能的方向发生。

在退役电池回收应用中，通过机械力的作用，可以激活物质的化学特性，使反应在较低温度下进行，比如室温，无需其他苛刻的反应条件。FAN 等[13]采用在 NaCl 溶液中浸泡退役电池的方式实现电池完全放电，回收的 $LiFePO_4$ 经 700℃高温 5 h 以除去有机物杂质。用草酸作为助磨剂，与回收材料混合用行星球磨机进行机械活化。机械活化过程主要包括三步：粒径减小、化学键断裂、新的化学键生成，如图 2-7 所示。研磨机械活化结束后混合原料及氧化锆珠用去离子水冲洗并浸泡 30 min，滤液在 90℃下搅拌蒸发直至 Li^+ 的浓度大于 5 g/L，用 1 mol/L 的 NaOH 溶液调节滤液的 pH 值至 4，并连续搅拌 2 h 以上直至 Fe^{2+} 的浓度小于 4 mg/L，从而获得高纯度的滤液。过滤后将经过纯化的锂溶液调节 pH 值至 8，在 90℃下搅拌 2 h，收集沉淀物并于 60℃干燥 24 h 获得 Li 回收产物。Li 的回收率可以达到 99%，Fe 以 $FeC_2O_4 \cdot 2H_2O$ 形式回收，回收率达到 94%。

如图 2-8 所示，机械活化在电池回收方面常见的流程为：退役电池、盐溶液放电、拆解分离、碱溶、过滤烘干、机械活化、煅烧后进入物理分选体系或者进入湿法浸出体系，进一步提取高价值金属元素。机械活化技术在电池回收方面有着其独特的优点，能够通过简单物理机械作用力改变物料表面性质来促进电池材料的分离和元素的回收，设备简单，工艺流程较短，无明显环境污染，有望在电池回收行业实现推广应用。

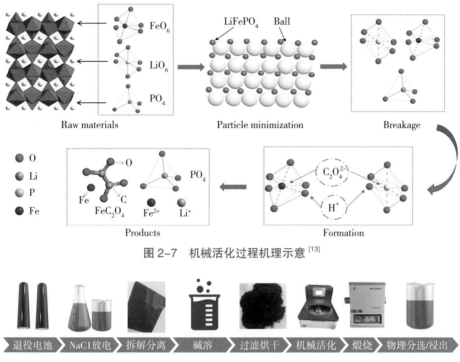

图 2-7　机械活化过程机理示意[13]

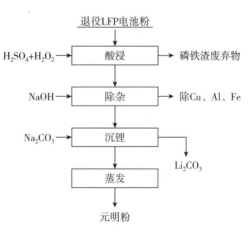

图 2-8　常见机械活化流程示意

2.3　湿法冶金技术

湿法冶金是退役锂电池再生利用被普遍采用的工艺方法。通常将正负极粉料酸浸（若粉料中含有微细铝粒，先进行碱浸除铝），锂、镍、钴等高附加值金属转移到溶液。浸出液净化除杂后，再通过化学沉淀、萃取等方法将各种高附加值金属元素分离出来，获得相应的高附加值产品。常用的浸出剂包括无机酸、有机酸和碱性溶液。

以退役磷酸铁锂电池为例（图 2-9），对拆解得到的磷酸铁锂电池粉采用酸浸—除杂—沉

图 2-9　退役磷酸铁锂电池湿法冶金工艺流程[1]

锂—蒸发工艺处理，回收电池级碳酸锂和元明粉。

酸浸工艺：富集后的 LFP 正负极粉调浆，加入浓 H_2SO_4 与 $LiFePO_4$ 反应，生成 Li_2SO_4 和 $FePO_4$，锂以离子的形式进入浸出液，负极石墨粉会和磷铁渣一起沉淀，后续通过浮选分离，再加入双氧水，将二价铁变成三价铁，为后续除杂工艺做准备。

除杂工艺：依据浸出液中杂质元素的组成不同，进行除杂处理。通常加入铁粉、NaOH、Na_2CO_3 等与溶液中 Cu、Al、Fe、Ca 元素反应，生成沉淀，抽滤出滤液进入沉锂。

沉锂工艺：以一定数量的 Na_2CO_3 溶液为底液，加入除杂液，在一定温度下搅拌反应，生成 Li_2CO_3 和沉锂母液，沉锂母液进入蒸发环节，Li_2CO_3 经多次洗涤制得成品。

蒸发工艺：沉锂母液中加入 H_2SO_4 调节 pH，在旋转蒸发仪中蒸发母液，制得元明粉。

2.3.1　金属浸出

在湿法冶金回收退役电池正极材料有价金属的整个流程中，浸出是首要步骤。浸出是将正极活性材料中的金属转换为溶液中金属盐形式，随后可以通过沉淀法、萃取法、电解法等多种化学方法进行分离回收。通常使用的浸出剂为无机酸、有机酸、碱液或者菌液，为了提高浸出效率，可以采用超声波、机械化学法进行辅助。根据浸出剂对金属选择性的不同，浸出可以分为金属全浸出和选择性浸出。

2.3.1.1　全浸出

（1）无机酸浸出

盐酸（HCl）、硫酸（H_2SO_4）和硝酸（HNO_3）等[14-16]无机酸来源广、成本低，常作为浸出剂从退役动力锂电池中浸出金属。但电池中的 Co 和 Mn 为难溶的 Co^{3+} 和 Mn^{4+}，为了提高其浸出效率，需要添加过氧化氢（H_2O_2）、亚硫酸氢钠或葡萄糖等作为还原剂，将电池中的 Co 和 Mn 还原为更易溶解的 Co^{2+}、Mn^{2+}。

Joulie[17]研究对比了 H_2SO_4、HNO_3 和 HCl 三种无机酸对 NCA 三元电池正极材料的浸出效果，并对浸出温度、酸度、反应时间、浸出剂浓度、固液比和还原剂浓度等参数进行了优化。结果显示在不添加还原剂时，酸的种类对金属浸出速率影响较大。由于 HCl 中氯离子的存在能够促进 Co^{3+} 的还原溶解，而在硫酸和硝酸中由于没有还原剂，Co 和 Mn 以 Co^{3+} 和 Mn^{4+} 高价态存在，很难溶解在酸液中，因此 HCl 的浸出速率最高。Xu[18] 以盐酸为浸出剂浸出 $LiCoO_2$ 电池得出了相似的结论，氯离子的存在促进了 Co 的溶解，具体机制如下：

$$2LiCoO_2 + 8HCl = 2CoCl_2 + Cl_2 + 2LiCl + 4H_2O$$

如上式所示，HCl 既可作为浸出剂，又可作为还原剂，促使 Co 的高效还原浸出。但同时 HCl 会被氧化，产生对环境危害的 Cl_2，因此，在工业使用时通常采用硫酸或者硝酸作为浸出剂。为了提高无机酸浸出时 Co、Mn 的浸出率，通常添加 $Na_2S_2O_5$、Na_2SO_3、H_2O_2 等还原剂进行还原酸浸，将正极材料中的 Co^{3+}、Mn^{4+} 还原成溶解性更好的 Co^{2+}、Mn^{2+}。为了避免杂质离子的引入，常使用 H_2O_2 作为还原剂。Chen[19] 研究结果显示了相似的结论，当以 H_2SO_4 为浸出剂，H_2O_2 为还原剂时，锂电池中 Co 和 Li 的浸出率分别可达 95% 和 96%。

无机酸浸出是较为成熟的工艺技术，对浸出剂浓度、还原剂用量、浸出温度、时间和固液比都已进行了大量深入研究，无论是 HCl、HNO_3 还是 H_2SO_4，在添加还原剂后 Ni、Co、Mn、Li 等浸出率均可达 90% 以上，现今退役锂电池主流浸出技术即为无机酸浸出。

（2）有机酸浸出

冶金工业使用的浸出体系主要是无机酸，其具有较高的浸出效率，对有价金属的浸出率均可达到 90% 以上，但在工业应用时仍存在一些不可避免的问题。首先，使用无机酸浸出时会有 Cl_2、SO_3、NO_x 等有害气体释放，严重威胁环境以及人类的健康；其次，采用无机酸浸出时，浸出液 pH 较低，浸出液中的有价金属很难直接回收，无论是去除 Al、Cu、Fe 等杂质，还是回收 Ni、Co、Mn 等有价金属，都需要大量的碱液中和多余的酸。最后，在浸出结束后会产生大量的酸性废水，需要后续处理，增加了运营成本。

相对于无机酸，有机酸具有易降解、循环性好、二次污染少等优点，并且能够提供足够的酸度浸出正极材料，有望成为无机酸浸出体系的替代品。经研究发现，柠檬酸、草酸、乳酸、苹果酸、三氯乙酸、天冬氨酸、酒石酸等有机酸均可用作退役电池回收的浸出剂。为了提高浸出效率，也常使用 H_2O_2（1%～6%）作还原剂。Zheng[20] 研究发现在添加 1%（V/V）H_2O_2 作为还原剂时，柠檬酸对 $LiCoO_2$ 中 Co 的浸出效率可达 99.07%。Zhang[21] 采用三氯乙烯作为浸出剂，双氧水作为还原剂，在最优浸出条件下 Co、Ni、Mn、Li

的浸出率分别可达 91.8%、93.0%、89.8%、99.7%。

至今为止,有机酸浸出已有大量的研究报道,但用于工业化前仍存在很多问题需要解决。首先:有机酸相对于无机酸价格较高,导致回收成本增加;其次,有机酸浸出速率慢,耗时较长;最后,有机酸浸出时最合适的固液比低于无机酸,导致单位体积有机酸浸出正极材料的能力弱于无机酸。

（3）生物浸出

相对于无机酸和有机酸,生物浸出由于环境友好、成本低廉以及工业化应用需求少,已被广泛应用于低品位矿产、废催化剂以及粉煤灰的浸出过程,但对于退役动力锂电池正极材料的浸出仍处于实验室研究阶段。

Xin[22] 以元素 S、黄铁矿（FeS_2）、$S+FeS_2$ 混合物三种能量源混合培养了 S-氧化型和 Fe-氧化型细菌,研究了其对正极材料的浸出性能。在 S 能量源系统中,浸出液 pH 最低,Li 的浸出率最高,对于 Li 生物浸出最主要的机制为酸溶。而对于 Co 最高的浸出率发生在 $S+FeS_2$ 混合能量源体系中,表明 Co 的浸出不仅受酸溶的影响,还受 Fe^{2+} 催化还原能力的影响,Co^{3+} 需要被 Fe^{2+} 还原成 Co^{2+},才能更好的溶解于酸液中。

生物浸出最明显的缺陷为浸出速率低,限制了其工业推广应用。为了提高浸出率,Zeng[23] 研究发现铜离子能够加快 Co 的浸出速率。在无铜离子时,经过 10 天浸出 Co 的浸出率只有 43.1%,但添加 0.75 g/L 铜离子后,经过 6 天的浸出 Co 的浸出率可达 99.9%。同样地,Zeng[24] 研究发现在添加一定量的银离子作催化剂后,Co 的浸出效率也能得到提高,经过 7 天浸出 Co 的浸出率可由未添加银离子的 43.1% 提升至 98.4%（添加 0.02 g/L 银离子）。相对于细菌,真菌具有更强的耐毒性、更短的迟滞期、更快的浸出率,被广泛地用于多种固体废弃物中重金属的回收。在浸出过程中,真菌会分泌苹果酸、葡萄糖酸、草酸和柠檬酸等多种有机酸,可有效地浸出重金属,在矿浆密度为 1% 时,Cu、Li、Mn、Al、Co、Ni 的浸出率分别可达 100%、95%、70%、65%、45%、38%[25]。

生物浸出由于成本低廉、环境友好引起了广泛的研究,但仍存在一些未能解决的问题,制约了其工业化过程。一方面,生物浸出速率较慢,所需微生物难以有效的培养,因此即使引入催化剂生物浸出周期也较长;另一方面,高浓度金属离子对微生物具有毒性,生物浸出的金属离子浓度均较低,后处理成本较高。例如将矿浆密度由 2% 升到 4% 后,对 Co 和 Li 的浸出率分别从 89% 和 72% 降到 10% 和 37%[26]。低浓度的浸出液无疑增加了后续处理的难度。

2.3.1.2　选择性浸出

由于正极材料中含有多种金属，因此为了得到有价金属，通常需要除杂、分离等多步进行，回收流程较长。为了简化分离回收流程，可以采用选择性浸出的方法。

Higuchi[27]研究了选择性回收 Li 的方法：在硫酸浸出体系中加入 $Na_2S_2O_8$ 作为氧化剂，可将 Li 氧化成水溶的 Li_2SO_4，Mn、Co、Ni 分别氧化成不溶的 MnO_2、Co_3O_4、$NiOOH$，随后通过水浸即可实现 Li 的选择性浸出。Meshram 提出了一种选择性浸出 Li 和 Co 的方法：首先在硫酸氛围中 300℃焙烧 30min，将 Li 和 Co 分别转化为 $LiCo(SO_4)_2$、$LiMnO_3$ 和 Co_3O_4，随后通过水浸即可实现 78.6% Li 和 80.4% Co 的浸出，而 Ni 和 Mn 的浸出率低于 15%。Zhu[28]以硫酸为浸出剂，双氧水为氧化剂，通过合适的摩尔比选择性浸出钴酸锂和磷酸铁锂电池中的 Li 和 Co，Co 和 Li 的浸出率均在 96% 以上，浸出液中钴、锂的浓度分别为 64.41g/L、17.23 g/L，铁、磷杂质含量只小于 0.02 g/L；浸出渣中主要是磷酸铁和碳粉，经煅烧或酸浸可回收磷酸铁。

由于 Ni、Co、Mn 的草酸盐均为沉淀，而 Li 的草酸盐可溶，因此可以采用草酸选择性浸出 Li。Zeng[29]采用草酸浸出 $LiCoO_2$，98% Li 可被选择性浸出，而 Co 以 $CoC_2O_4\cdot2H_2O$ 沉淀形式存在于渣中。Zhang[30]研究了草酸对 NCM 正极材料的浸出效果，Li 的回收率为 81%，纯度可达 97%。而 Ni、Co、Mn 等以草酸盐沉淀的形式仍存在于固体中。磷酸也可被用于选择性提 Li。Chen[31]研究了磷酸浸出体系对 $LiCoO_2$ 的浸出效果，在 0.7 mol/L 磷酸溶液中添加 4%（V/V）H_2O_2 作为还原剂，可将 99% 的 Co 和 Li 转化为 $Co_3(PO_4)_2$ 沉淀和 LiH_2PO_4 浸出液，以此可实现 Li 和 Co 的分离。Bian[32]研究了磷酸对 $LiFePO_4$ 的浸出效果，在浸出过程中 $LiFePO_4$ 首先溶解成 Li^+、Fe^{3+} 和 PO_4^{3-}，随后在 85℃条件下 Fe^{3+} 可转化为 $FePO_4$ 沉淀，而 Li 稳定存在与浸出液中，实现 Li 和 Fe 的分离。

金属富集过程一般采用酸将正极材料中的金属浸出，无论是无机酸还是有机酸，通常能够全部浸出正极材料中的各种金属，例如 Cu、Fe、Al、Ni、Co、Mn，对金属的浸出没有选择性。由于铝为两性金属，可以溶于酸和碱溶液中，而电极材料中的金属均不能与碱反应，因此，可以在酸浸之前采用碱浸法溶解铝箔。能够避免酸浸时铝的溶解以及对镍、钴、锰回收的影响。Nan[33]研究发现当采用 10%（W/W）NaOH，100 g/L 固液比，室温下反应 5h

后铝的浸出率可达 98%，钴和锂基本没有浸出。Chen[34] 研究发现，电极材料在研磨后采用 5% NaOH 处理 4h，铝的浸出率可达 99.9%。

该方法工艺简单，铝去除效率高，但由于浸出液中铝特殊的离子形式，回收困难；并且有碱性废水产生，需要后续处理，因此工业上很少使用。

氨浸在目标金属（Li、Ni、Co）和非目标金属（Fe、Mg、Al 和 Mn）之间具有选择性浸出效果，因此采用氨浸可以实现 Ni、Co、Li 的选择性浸出，避免 Fe、Mg、Al 等杂质的影响。Wang[35] 研究了退役三元电池正极材料中有价金属元素在不同还原剂和缓冲溶液体系下的浸出行为差异，详细分析了氨浸过程的不同机制，发现在不额外加入缓冲溶液的情况下，还原剂对三元材料中金属元素的浸出有促进作用，但添加亚硫酸铵为还原剂时铝元素的溶解受到抑制；缓冲溶液能够有效抑制铝元素的溶解，增加铝元素以外其他金属元素的溶解率。通过对 NH_3-$(NH_4)_2CO_3$-Na_2SO_3 选择性氨浸体系的研究，发现单级可以实现 79.1% 锂、86.4% 钴和 85.3% 镍的选择性浸出，仅有 1.45% 的锰进入溶液；多级浸出可以实现有价金属的高效浸出（98.4% 的锂元素，99.4% 的钴元素和 97.3% 的镍元素都能被溶解）。Ku[36] 研究了 NH_3-$(NH_4)_2CO_3$-$(NH_4)_2SO_3$ 选择性氨浸体系，在使用碳酸铵作为缓冲剂保证 pH 稳定的条件下，亚硫酸铵将 Ni 和 Co 还原成溶解性更好的二价离子，促使 Ni、Co 与 NH_3 更易络合，使 Co 和 Ni 能选择性浸出，但 Mn 和 Al 不能浸出，以此可以实现 Ni、Co 和 Mn、Al 的分离。

2.3.1.3 强化浸出

无论是酸浸还是碱浸，一般都需要高温处理，并且浸出时间长。为了提高浸出效率，通常可以采用一些辅助方法。

超声波是一种常用的辅助强化方法。实验证明，超声波有助于提高多种材料中有价金属的浸出速率。一方面，在浸出过程中，超声波能促进物料的对流运动以及固体和液体之间的交换。另一方面，由于空化效应，大量的能量被释放在固液界面上，加快了金属元素的浸出速率。Li[37] 等研究了超声辅助浸出锂电池正极活性材料。结果表明，在 90 W 超声功率以及酸和双氧水的双重作用下，钴的回收率为 96.13%，锂的回收率为 98.4%。Zhu[38] 等研究结果表明，超声波可以提供温度极高的热腔压力。热空腔导致自由基反应，并促使 H_2O_2 的产生，有利于提高浸出效率。结果表明在低浓度 H_2SO_4 中，经超声波辅助浸出，液中钴、锂的浸出效率明显提高。

机械活化可通过机械力诱导矿物发生晶体结构和物理化学性质变化，使部分机械能转变为物质的内能，加快浸出反应的速率，实现强化浸出的目的。Guan[39] 研究发现经过机械研磨活化后，材料的粒径减小、比表面积增大、晶体结构发生转变，能够明显提高钴和锂的浸出效率，钴的浸出效率可由 23% 提高到 91%。

在极端环境下正极材料的浸出效率也能得到增强。Bertuol[40] 等使用双氧水和硫酸作为共溶剂，采用超临界二氧化碳提取法从废旧锂电池中选择性浸出 Co。在 5 min 反应时间内，钴的回收率可达 95.5%。然而，为了达到相同的效果，只采用双氧水和硫酸时，需要反应时间 60 min。

2.3.2　金属提取分离

浸出后的溶液中含有钴、锂、镍等有价金属及铜、铁、铝和锰等杂质。目前研究最多的方法主要有溶剂萃取法和化学沉淀法。

2.3.2.1　溶剂萃取法

溶剂萃取法是目前退役锂电池金属元素分离回收应用较为广泛的工艺，其原理是利用有机溶剂与浸出液中的目标离子形成稳定的配合物，再采用适当的有机溶剂将其分离，从而提取目标金属及化合物。常用的萃取剂有（2, 4, 4- 三甲基戊基）膦酸（Cyanex 272）、（2- 乙基己基膦酸 - 单 -2- 乙基己基）脂（PC88A）、（2- 乙基己基磷酸单 -2- 乙基）己脂（P507）、三辛胺（TOA）、二（2- 乙基己基）磷酸（P204）。目前主要工艺 [41] 是废锂离子正极材料浸出液依次用沉淀剂除铜、碳酸钠调节浸出液 pH 值除铁铝杂质和 P204 净化除杂后，采用 P204 萃取锰，P507 分步萃取钴、镍（图 2-10），但 P507 分离系数有限，对于高镍型正极废料浸出液分离有困难。Cyanex 272 对镍钴的分离系数大于 P507，可用于高镍低钴溶液的萃取。但该方法也存在不足，逐一分离镍、锰和钴容易造成镍、锂有价金属的损失，导致金属离子回收率整体偏低。在此基础上，多种萃取剂协同萃取可增加离子之间的选择性。目前开发新型萃取剂将过渡金属镍、钴和锰同步萃取，使萃取分离得到的锰、钴和镍的混合溶液直接作为三元正极材料前驱体制备的原料液，一步实现过渡金属和锂组分的分离，是研究废旧锂电池浸出液中金属离子提取技术的新趋势。有文献报道 [42] BC196 萃取剂可将金属镍、钴和锰同步萃取，且与杂质离子分离效果好（图 2-11）。

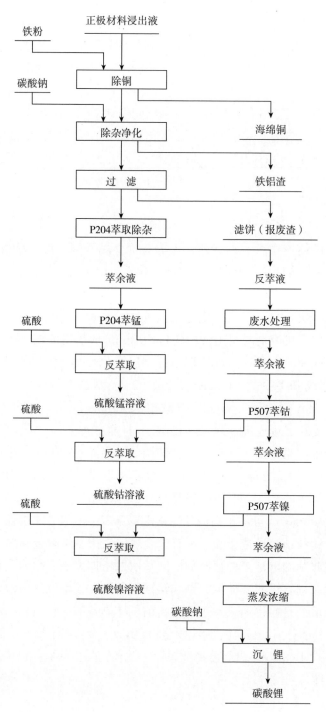

图2-10 溶剂萃取法和沉淀法相结合回收浸出液中有价金属离子工艺流程[41]

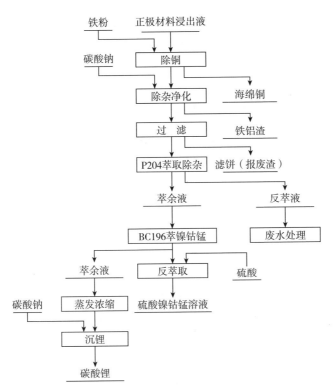

图 2-11 溶剂萃取法和沉淀法相结合回收浸出液中有价金属离子新工艺流程[42]

2.3.2.2 化学沉淀法

化学沉淀法是向浸出液中添加特定的沉淀剂，将金属浸出液中的金属离子沉淀出来，得到相应的金属化合物产品。化学沉淀法的核心是控制好溶液的 pH，在不同的 pH 下，沉淀出相应的金属离子。常用的沉淀剂有氢氧化钠（NaOH）、高锰酸钾（$KMnO_4$）、丁二酮肟（$C_4H_8N_2O_2$）、碳酸钠等[43, 44]。

除了上述浸出液中铁铝杂质去除采用沉淀法外，目前主要采用化学沉淀法沉 Li^+，通过调控溶液 pH 值，加入饱和碳酸钠溶液得到 Li_2CO_3 沉淀，经洗涤后用酸液反溶，反溶液再次沉锂得到高纯碳酸锂。Nayl 等[45] 通过用 NaOH 调控浸出液 pH 值，加入饱和 Na_2CO_3 溶液分步沉 Mn^{2+}、Ni^{2+}、Co^{2+} 和 Li^+。在浸出液 pH 值为 7.5 时，可将 Mn^{2+} 沉淀为 $MnCO_3$，调节浸出液 pH 值至 9，Ni^{2+} 以 $NiCO_3$ 形式沉淀，进一步调节浸出液 pH 值至 11～12 沉 Co^{2+}，得到 Co（OH）$_2$，最后将余液中 Li^+ 沉淀为 Li_2CO_3，该方法 Mn、Ni、Co 和 Li 的沉淀率分别为 94%、91%、95% 和 90%。Sattar 等[46] 控制浸出液 pH 值为 2.5，加入 $KMnO_4$ 选择性将 Mn^{2+} 氧化成 MnO_2 去除，再控制溶液 pH 值为 5 加入丁二酮肟沉淀

Ni^{2+}、Co^{2+} 采用 Cyanex 272 萃取，H_2SO_4 反萃负载有机得到 $CoSO_4$ 溶液，最后调节萃余液 pH 值为 12，加入 Na_2CO_3 沉 Li^+，得到 Li_2CO_3 沉淀，该方法 Li、Ni、Mn 和 Co 的回收率分别为 99%、> 99%、> 98% 和 99.9%。

化学沉淀法只需控制溶液的 pH 值，加入特定的沉淀剂，回收率较高，成本较低，易于实现工业化生产。但由于浸出液中含有多种金属离子，在沉淀过程中不可避免的会存在金属夹带现象，从而导致最终得到的沉淀产品中含有杂质，纯度不高。

2.3.2.3 其他方法

电化学法又称电沉积法，可用于处理退役钴酸锂电池。通过电化学还原技术将浸出液中的 Co^{3+} 转化 Co^{2+}，最后以 $Co(OH)_2$ 的形式在阳极沉积下来。该方法不需要添加其他物质，不易引入杂质，可以获得纯度很高的钴化合物，直接用于电极材料的制备，但缺点是消耗大量电能。

离子交换法是利用 Co、Ni 等不同金属离子络合物在离子交换树脂上吸附能力的差异，实现金属的分离及提取。该方法对目标离子的选择性较强，工艺简单且易于操作，为退役锂电池中有价金属的提取、回收提供了新途径，但因成本较高从而限制了工业化应用。

2.4 火法冶金技术

火法冶金技术是指在高温条件下（利用原料自身潜热、某种化学反应放出的热、燃料燃烧或电能产生的热）将含有价金属原料经受一系列的物理化学变化过程，使其中的金属与其他杂质分离，而得到金属的冶炼方法。将锂电池正负极粉料在还原性气氛下进行高温冶炼，一般还需要一定的还原剂，将电池正极材料进行还原分解，得到高附加值金属单质，最终得到合金产品，实现对退役锂电池中高附加值金属的回收。以肖松文[47]的研究成果为例，目前已实现处理含锰、含镍或钴等锂电池的处理，主要处理工艺流程如图 2-12 所示。

对于退役的锂电池，因其含有电

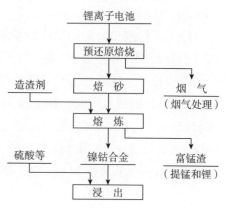

图 2-12 锂电池火法冶金工艺流程

解液、有机组分及电等能源，可利用电池自身所含有的潜热，在回转窑内进行自热预还原焙烧。焙烧过程充分利用电池自身能量，可实现自热反应。在焙烧过程中，电池可带电焙烧，同时将余电充分利用，将隔膜等有机物充分燃烧，利用所产生的热为热源、负极为还原剂，实现正极中镍/钴/锰的预还原过程。预还原焙烧产生的烟气中含有大量小分子有机物，需设置二次燃烧室，将小分子有机物充分燃烧，所产生的热能制备成低压蒸汽，以供后续湿法段所需蒸汽。此过程完全为自热反应，同时为后续的湿法分离提供蒸汽热源。相对湿法工艺，充分利用电池自身潜热，节省了能耗，同时节省了放电及放电带来的三废治理。

经预还原的电池进入电炉熔炼，有价金属镍、钴、铜等经还原熔炼进入金相，以合金形式产生，出炉时采用喷雾制粉，制备成合金粉末。铝箔氧化进入渣相，为了降低能耗，将附加值较低的锰造渣，进入熔炼渣，以富锰渣的形式产生。在此过程中虽然高效地实现镍、钴、铜等有价金属的富集，但造成铝箔的损失。锂进入渣相或收尘灰中。

锰和锂进入富锰渣，从渣中进行锰和锂的回收，经过硫酸化焙烧—中性浸出，将富锰渣中的锰和锂以硫酸锰和硫酸锂的形式进入溶液，再通过湿法分离分别回收。因锰价值较低，传统湿法萃取分离工艺成本较高，无法支撑锰的回收，经火法还原熔炼得到的富锰渣非常稳定，可长期堆存，实现无害化处理，相对湿法，实现危险固体废物的消减。

经还原熔炼进入金相的铜、镍、钴纯度较高，浸出时可实现全溶，再通过湿法分离技术分别制备出相应的金属盐产品。

目前工业上回收退役锂电池工艺很多基于火法冶金技术，主要原因有两个：其一，高温反应化学转化速率快、流程短、物料适应性强；其二，退役锂电池回收工业刚刚起步，很多工艺流程还在探索中前进，因此，充分借助现有冶金技术与设备更易于实现工业应用。但是，退役锂电池的回收处理是一个复杂的系统工程，火法冶金技术只是回收处理退役锂电池过程中的一个步骤，经高温处理后，仍然需要采用冷凝、筛分、磁选、浸出、电解等物理、化学方法进行分类处理，使金属元素最终得以再利用（图 2-13）[2-3]。

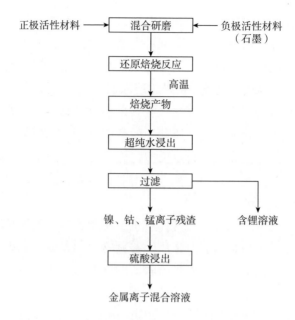

图 2-13 退役锂电池火法 – 湿法结合回收工艺流程

2.5 直接修复再生技术

2.5.1 直接修复再生工艺流程

虽然湿法冶金技术可以有效地从退役锂电池中提取贵金属元素（Co，Ni，Li），但回收过程复杂冗长，试剂消耗量大，且产生大量酸碱废液。相比之下，火法冶金技术流程简单，但熔炼过程高能耗、高碳排，且无法回收金属锂。目前，这两种回收技术在不同应用场景和需求下分别得到推广和使用。然而，对于一些附加值不高的电池材料，当前的这两种回收技术均不具备优势。如图 2-14 所示，对于 Co 含量较高的正极材料如钴酸锂（LCO），其所含元素价值与完整正极材料价值相当，无论采用湿法还是火法回收 Co 和 Li，效益可观。但对于低 Co 或无 Co 正极材料，特别是锰酸锂（LMO）和 LFP正极，从中回收金属元素产生的价值几乎可以忽略不计，并不能补偿回收过程的成本。因此，开发短流程、低成本的锂电池正极材料回收技术具有重要意义。

一般认为，正极材料中锂的损耗和结构不可逆相变是其容量衰减的主要原因之一。对于杂质含量较低或结构变化较小的退役锂电池正极材料，在不破坏其化学结构、不造成二次污染的情况下，通过补锂和焙烧有可能实现对材料的直接修复再生[49]。这种短流程直接再生工艺可以避免高能耗和高成本步骤，因而在回收低附加值的正极材料方面显示出巨大的潜力和优势。

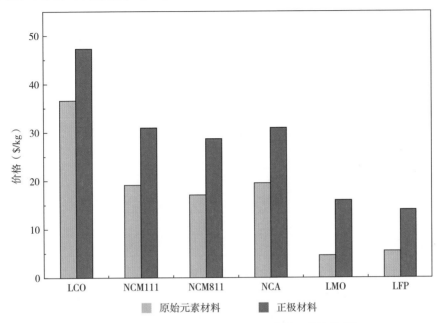

图 2-14　电池正极材料及其组成元素的预估价值[48]

　　直接修复再生过程主要涉及以下四个部分，如图 2-15 所示。拆解是第一步，将退役锂电池拆解成大小和形状适合的碎片以进入后续处理步骤。锂电池中最有价值的组分主要包括黑粉（正极材料和石墨）、电解液、铜箔和铝箔。直接修复技术要求正极材料粉中杂质含量较低，因此第二步正极材料与其他组分的分离过程至关重要，这在很大程度上决定了材料修复效果。多数分离过程是基于材料的不同性质，如密度、溶解度、疏水性、磁化率等。分离得到的正极材料接下来将进入修复再生环节。由于磷酸铁锂电池在充放电循环过程中结构稳定性保持良好，对这类正极材料直接修复再生技术可行性更高，因而引起研究者们的广泛关注。

图 2-15　退役锂电池直接修复再生工艺流程

2.5.2　磷酸铁锂退役电池中正极材料修复再生

直接再生一般是从电极上获取正极材料，经过适当处理，修复正极材料结构，重新运用于锂电池正极材料。在这个过程中，通常采用 NMP 溶剂、碱液和热处理，将磷酸铁锂正极粉料从集流体铝箔上剥离下来，经过固相补锂焙烧修复表面和体相缺陷[50]。表 2-4 所示为几种常用的补锂方法及其特点[51]。最后，产品验证是直接修复技术的关键步骤。修复再生材料的化学组成和晶体结构应通过 X 射线衍射（XRD）、电感耦合等离子体（ICP）或辉光放电光谱（GDOES）进行验证，电池容量和循环寿命等电化学性能必须符合行业标准。

表 2-4　多种补锂技术特点和处理方法对比

方法	锂源	处理条件	技术特点
高温	LiOH	两阶段烧结	工艺简单
水热	LiOH/KOH 溶液	低温水热 + 高温烧结	效果好，但流程复杂
电化学	锂电池负极	室温放电	放电设备要求高
离子热	离子液体中的锂盐	低温离子热反应 + 高温烧结	成本较高

直接再生工艺可以修复正极材料的结构[52]。退役锂电池容量衰减与锂的损失和副反应发生有关，锂的损失是由于固体电解质界面（SEI）的增厚，材料不可逆相变造成的。Wang 等[53]按密度差异将 LFP 活性材料从铝箔中分离出来，通过高温固相反应直接再生得到修复 LFP 材料，在锂电池中表现出优异的电化学性能。Xu 等[54]报道了一种基于缺陷靶向愈合的高效环保锂电池再生方法。具体地，通过结合低温水溶液还原和快速高温退火，成功实现了退役 LFP 正极材料的修复再生。Song 等[55]将从 LiFePO₄ 退役电池正极片上剥离下来的粉末，通过加入商业的 LiFePO₄/C 粉末固相焙烧，当商业的 LiFePO₄/C 与退役的 LiFePO₄ 粉末配比为 3∶7 时，温度为 700℃，0.1C 首次放电容量为 144 mAh·g⁻¹（商业 150 mAh·g⁻¹）。在固相焙烧过程中，通过添加 Li₂CO₃ 来补充损失的 Li，650℃下再生的 LiFePO₄ 正极材料在 0.2 C 下 100 圈循环以后放电容量为 140.4 mAh·g⁻¹，容量保持率为 95.32%（商业 LFP 要求：> 92.43%），进一步提高回收 LiFePO₄ 的电化学性能[56]。磷酸铁锂电池性能对于杂质金属（铝和铜）含量非常敏感[57]，预处理过程中需要控制正极粉料中的金属杂质含量。由于粘结剂 PVDF 加热分解过程中产生的 HF 是一种良好的氟化剂，易与金属元素形成氟化物[58]，正极材料中残余的粘结剂含量在直接再生过程中需要被控制。

采用离子掺杂技术也可以实现磷酸铁锂正极材料再生。离子掺杂是提高 $LiFePO_4$ 材料电化学性能的一种手段[59]。如图 2-16 所示工艺流程，Xu 等[60] 根据化学式（$1-x$）$LiFePO_4 \cdot x Li_3V_2$（PO_4）$_3$（其中 $x = 0, 0.005, 0.01, 0.03$ 和 0.1），将退役 $LiFePO_4$ 粉末，$NH_4H_2PO_4$，Li_2CO_3 和 V_2O_5 按比例机械活化，然后在氩气气氛下 450℃ 4h，700℃ 6h 固相焙烧再生 $LiFePO_4$ 正极材料。当 $x < 0.01$ 时，V^{5+} 掺杂在 Fe^{2+} 位点，当 $x \geq 0.03$ 时，V^{5+} 掺杂和 Li_3V_2（PO_4）$_3$ 共存。$x = 0.01$ 时，再生材料结构为 $0.99LiFePO_4 \cdot 0.01Li_3V_2$（$PO_4$）$_3$，在 0.1C 和 1C 下首次放电容量分别为 154.3 mAh·g^{-1} 和 142.6 mAh·g^{-1}，1C 下 100 次循环后，容量保持率接近 100%。

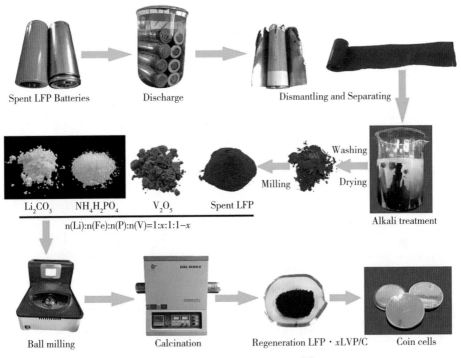

图 2-16　回收 $LiFePO_4$ 流程[60]

表面包覆导电物质也是提高 $LiFePO_4$ 材料电化学性能的一种手段[61]。C、N、P 等原子在物质表明有利于加快电子传递和提高储锂效率[62]。Zhu 等[63] 基于卵磷脂中含有丰富的 C、N、P 元素，通过机械化学活化手段将 C、N、P 原子包覆于 $LiFePO_4$ 正极废料表面。当添加 15% 卵磷脂时，再生的 LiFePO4 正极材料在 0.2 C 下首次放电容量为 164.9 mAh·g^{-1}；5C 下首次放电容量为 120 mAh·g^{-1}，100 次循环后容量保持率为 93%，在 20C 下首次充放电容量可以达到 100.7 mAh·g^{-1}，比未包覆的 LiFePO$_4$ 废料高出 41%。石墨烯是一种很好的导电材料[64]。Song 等[65] 将 LiFePO$_4$ 退役电池拆解，分别得到正负极退役粉料。正极在 500℃空气气氛 3 h 处理除去粘结剂和导电炭黑。负极石墨通过改进的 Hummers 法[66] 剥离得到石墨烯。处理后的正极废料与处理后的负极水热反应再生 LiFePO$_4$ 正极材料，其工艺流程如图 2-17 所示。添加 5%GO，水热反应温度为 180℃，时间 6 h，再生的 LiFePO$_4$ 正极活性材料在 0.2C 下首次放电容量为 153.9 mAh·g^{-1}，0.5C 下首次放电容量为 150.4 mAh·g^{-1}，300 次循环后，容量保持率接近 100%。其再生过程中的机理如下：

$$Li_xFePO_4 + (1-x)LiOH + \frac{1-x}{2}C_6H_8O_6 \rightarrow LiFePO_4 + \frac{1-x}{2}C_6H_8O_6 + (1-x)H_2O \quad （1）$$

$$2FePO_4 + 2LiOH + C_6H_8O_6 \rightarrow 2LiFePO_4 + C_6H_6O_6 + 2H_2O \quad （2）$$

$$Fe_2O_3 + P_2O_5 + 2LiOH + C_6H_8O_6 \rightarrow 2LiFePO_4 + C_6H_6O_6 + 2H_2O \quad （3）$$

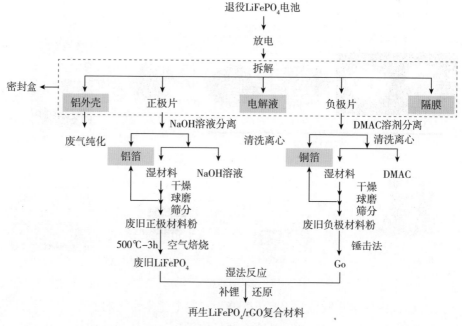

图 2-17　磷酸铁锂再生流程[65]

除了上述的固态烧结，离子掺杂，表面包覆；还可以使用电化学重结晶方法来恢复阴极粉末的损失锂；或者是将阴极粉末浸泡在高浓度锂盐溶液；从而再生磷酸铁锂正极材料。有研究者[66]通过扫描电子显微镜（SEM）、XRD 和电化学测试对电化学和化学再生的 LFP 进行了评价，发现其电化学性能与新的 LFP 相同的性能和特性。由此可见，电化学和化学锂化技术也是再生磷酸铁锂的重要方法。

2.5.3　磷酸铁锂正极材料再生利用经济性分析

磷酸铁锂正极材料目前主要有湿法回收和直接修复再生这两种回收工艺，其工艺经济性分析如下：

利用 Yang 等[67] 回收工艺处理 1t 退役 $LiFePO_4$ 电池所涉及的化学试剂价格如表 2-5 所示。1t 退役 $LiFePO_4$ 电池可回收 260.7 kg $FePO_4$，56.1 kg 铝箔和 49.5 kg Li_2CO_3，所涉及的原材料总成本为 19379.68 元，仅考虑试剂成本和产品价格，处理 1t 退役 $LiFePO_4$ 电池可获利大约 11090.21 元。此外，仍需考虑其他成本，如设备折旧成本、设备维护成本、水消耗以及劳动力和能源成本。本研究的回收过程可分为五个部分：电池 NaCl 放电和拆解，浸出，过滤、干燥和筛分，除杂，沉淀。利用当前回收工艺处理 1t 退役 $LiFePO_4$ 电池，分别计算了电池放电和拆解，浸出，过滤、干燥、筛分，除杂，沉淀成本，这些过程的处理成本约为 2467.29 元。

表 2-5　利用 Yang 等[67] 回收工艺处理 1t 退役 $LiFePO_4$ 电池所涉及的化学试剂价格

物质	价格（元/kg）	用量（kg）	成本（元）
退役磷酸铁锂钢壳电池	18.50	1000.00	−18500.00
CH_3COOH	3.60	132.00	−475.20
35% H_2O_2（W/W）	0.95	184.80	−175.56
Na_2CO_3	3.10	72.60	−225.06
NaOH	4.20	0.92	−3.86
废铝箔	13.30	56.10	746.13
$FePO_4$（无水）	24.30	260.70	6335.01
Li_2CO_3（>99.5%）	472.50	49.50	23388.75
合计			11090.21

表中材料价格数据来源：上海有色网（SMM）、富宝新能源锂电网（http://battery.fl39.com/）、生意社网（http://www.100ppi.com/），更新时间 2022-08-01。

处理 1t 退役 $LiFePO_4$ 电池的能耗分析如表 2-6 所示。能耗主要以电能的形式，根据电价，就可以计算能耗的成本。当前回收工艺的总能源消耗和能源总成本分别为 860 kWh 和 1204 元。综上，采用当前回收工艺处理 1t 退役 $LiFePO_4$ 电池可以获得利润 7418.92 元。

表 2-6　利用 Yang 等 [67] 回收工艺处理 1t 退役 LiFePO₄ 电池所涉及的能耗

单元操作	能耗（kW·h）	价格（元）
NaCl 放电和拆解	207.5	290.5
浸出	202.5	283.5
过滤、干燥、筛分	230	322
除杂	120	168
沉淀	100	140
总计	860	1204

固相再生工艺过程采用拆解分离得到的退役磷酸铁锂正极粉料，通过添加碳酸锂和草酸亚铁调节回收的磷酸铁锂中的 Li/Fe/P 的比例，然后经过固相焙烧再生。固相再生从药剂成本角度，处理 1t 退役磷酸铁锂电池可以获利10631.75 元（表 2-7）；再生处理 1t 退役磷酸铁锂电池能耗为 3400 kWh，成本为 2040 元（表 2-8），扣除能耗成本，采用固相再生技术处理 1t 退役磷酸铁锂电池可以获利 8591.75 元。固相再生的利润很大程度上取决于再生磷酸铁锂的能量密度。

表 2-7　固相再生 1t 退役 LiFePO₄ 电池主要原料、辅料和再生磷酸铁锂价格核算

项目	内容	原辅料价格（元 /kg）	使用量（kg）	原辅料成本（元）
原料	退役磷酸铁锂钢壳电池	18.50	1000	−18500
辅料	碳酸锂（电池级）	472.50	4.5	−2126.25
	草酸亚铁	12.00	3.5	−42
再生材料	磷酸铁锂（动力型）	156.50	200	31300
合计				10631.75

表中材料价格数据来源：上海有色网（SMM）、富宝新能源锂电网（http://battery.fl39.com/）、生意社网（http://www.100ppi.com/），更新时间 2022-08-01。

表 2-8　固相再生 1t 退役 LiFePO₄ 电池能耗核算

类别	消耗量（kWh）	价格（元）
电耗	3400	2040

2.5.4　直接修复再生关键挑战

直接回收再生法的主要优点包括：①工艺相对简单，回收经济性高；②再生后可直接重复使用；③与其他回收技术相比，排放和二次污染明显减少。直接回收再生过程的主要缺点包括：①直接再生正极材料的性能与退役

电池的健康状态有关；②灵活性差，它需要基于精确的活性物质进行严格的分类 / 预处理；③保证高纯度和原始晶体结构的一致性是一个挑战，这可能不符合电池行业严格的标准要求；④不适于处理不同类型的混合正极废料。但是，在短期内，这种技术更有可能被电池制造商用于回收电极生产废料，因为这些废料的化学成分是已知的，而且杂质含量低，没有经过电池循环。

美国 Recell 中心提出，直接修复再生技术中有四个关键核心点需要重点关注：①粘结剂去除：确定去除粘结剂的最佳方法，将该过程对正极材料的损害降到最低；②正极材料分离：将正极材料与其他组分尽可能地分离开来，以最大限度地降低杂质含量；③正极材料再生：开发一种绿色低能耗再生工艺，适用于多种正极材料（LCO，LMO，NCM，NCA 及其混合物）的修复再生；④材料升级与杂质影响：将市场价值较低的材料通过修复再生升级为高价值材料，重点评估在回收工艺过程中的杂质（如 Cu、Al、Fe 等）对材料性能的影响。

2.6　电池再生利用设备

2.6.1　预处理设备

2.6.1.1　破碎粉碎设备

（1）撕碎机

单体动力锂电池主要由外壳、正、负极、电解液、隔膜和集流体组成。外壳主要为金属钢或铝，集流体主要为铜箔（负极）、铝箔（正极），正极材料中包括锂、镍、钴、锰等金属，负极材料一般为石墨。正负极材料富集在铝箔、铜箔上，相互包络。由于铜、铝的延展性较好，在动力锂电池回收时一般采用撕碎机将金属外壳、正负极片撕裂。常用的撕碎机有单轴撕碎机、双轴撕碎机、四轴撕碎机。

1）单轴撕碎机

单轴撕碎机是利用动刀刀粒与定刀相互作用，并通过筛网控制出料粒度，对物料进行撕碎、剪切、挤压，将物料加工到较小粒度。单轴撕碎机主要由①刀轴机构；②筛网机构；③推料机构；④驱动系统组成。此外还有进料斗、架体、出料斗等（图 2-18）。

固体废弃物经料斗进入单轴破碎机后，推盘在液压油缸的驱动下将固体废弃物推向刀轴。电机转动通过皮带的传动将动力输送给减速机，减速机的运行驱动刀轴转动，通过定刀和动刀切割破碎，符合筛网尺寸的成品由筛网落下。筛上物返回重新破碎。

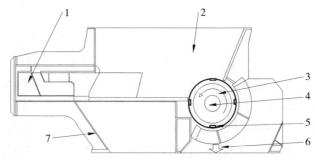

1- 推料机构；2- 进料斗；3- 刀轴机；4- 驱动系；5- 筛网机；6- 出料；7- 架体

图 2-18　单轴撕碎机

动刀油螺栓固定于刀轴的刀座上，当设备运行时，通过动刀和定刀的切割破碎将入料撕碎，动刀与定刀之间的间隙可通过调节螺栓进行调节。撕碎后的物料颗粒经筛网挤出，出料的颗粒尺寸由筛网孔决定。

2）双轴撕碎机

双轴撕碎机主要由进料斗、破碎腔、驱动装置、架体、刀辊组件、电控系统与排料口组成（图 2-19）。

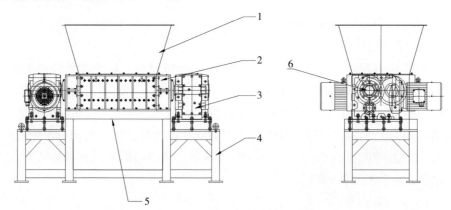

1- 进料斗；2- 破碎腔；3- 驱动装置；4- 架体；5- 排料口；6- 刀具

图 2-19　双轴撕碎机

双轴撕碎机是利用两个相对旋转的刀具之间相互剪切、撕裂原理对物料进行破碎。它采用双电机＋双行星减速机驱动（也可采用液压马达驱动），动力强劲，运行稳定，常被用于城市生活垃圾处置、垃圾焚烧预处理、大件垃圾处置、装修垃圾处置、工业垃圾处置、资源再生利用预破碎等环保领域。

工作时，动力锂电池由进料口进入破碎腔，物料在破碎腔中受到相对转动刀具的切割撕裂作用，被撕裂成片状物料，由底部排料口排出。破碎腔的尺寸、刀具的形状及尺寸、主轴的转速等都是影响撕碎机性能的关键参数。

3）四轴撕碎机

四轴撕碎机主要由进料斗、破碎腔、驱动装置、刀辊组件、架体、筛网、出料斗及电控系统组成（图2-20）。

四轴撕碎机，是利用刀具之间相互剪切、撕裂、挤压的工作原理对物料进行加工，用于各种固体废弃物的破碎。该设备采用低转速、大扭矩设计，剪切力大，设备稳定，出料均匀。四个液压或电机分别驱动四个刀轴正反转动，上排刀轴与下排刀轴配合进行物料的初破并兼有拨料、喂料的功能，二级破碎主要由下排转子配合剪切、挤压、撕裂完成，出料产品的尺寸大小主要由刀轴上安装的刀片厚度及筛网的开孔大小决定，设备可以通过更换不同孔径的筛网调整出料粒度。

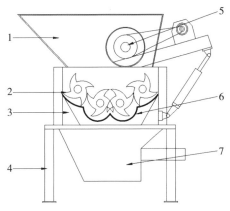

1- 进料斗；2- 刀辊组件；3- 破碎腔；
4- 架体；5- 驱动装置；6- 筛网；7- 出料斗

图 2-20　四轴撕碎机

（2）粉碎机

在锂电池预处理流程中，电池经粗破、低温裂解等工艺后，需进行进一步粉碎处理，以便黑粉（钴、锂等）从铜、铝集流体上剥离。一般粉碎后的物料尺寸约为30～50目。常用的设备有卧式锤式粉碎机与转子离心粉碎机。

1）卧式锤式粉碎机

卧式锤式粉碎机结构见图2-21。

卧式锤式破碎机主要是靠冲击能来完成破碎物料作业的。卧式锤式破碎机工作时，电机带动转子作高速旋转，物料均匀地进入破碎机腔中，高速回转的锤头冲击、剪切撕裂物料致物料破碎。同时，物料自身的重力作用使物料从高速旋转的锤头冲向架体内挡板、筛条，大于筛孔尺寸的物料被阻留在筛板上继续受到锤子的打击和研磨，直到粉碎至所需出料粒度并通过筛板排出机外。

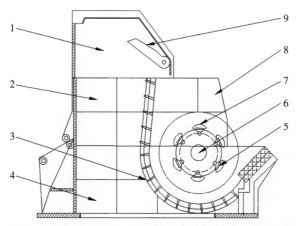

1– 上盖体；2– 上箱体；3– 筛板；4– 下箱体；5– 砧铁；6– 主轴辊；7– 锤头；8– 衬板；9– 上排料门

图 2-21　卧式锤式粉碎机

2）转子离心粉碎机

转子离心粉碎机是由转子、破碎腔、驱动系统、架体。控制系统与冷却系统等组成（图 2-22）。

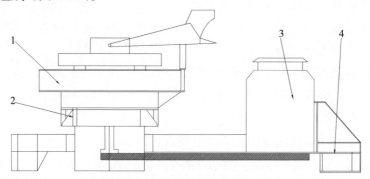

1– 破碎腔；2– 转子；3– 驱动系统；4– 架体

图 2-22　转子离心粉碎机

转子离心粉碎机是由一个安装在立轴上水平旋转的转子和转子外部筒体内放置的环形破碎腔组成。工作时，将物料由上方给入高速旋转的转子，物料受到离心惯性力的作用，通过分料盘改向从垂直变成水平螺旋形地沿流道板前进，至转子外圆圆周出口被抛出，并在破碎腔内受到破碎；在破碎腔内，物料之间产生一系列的能量交换的连锁反应，且会形成一种砂喷现象，使部分物料形成粒子云，环绕破碎腔汹涌的流动，直至失去足够的速度而离开破碎腔。

2.6.1.2 氮气保护系统

尽管破碎时的动力锂电池预先都经过了放电处理，但仍有部分电池放电不彻底，这部分电池在破碎时容易短路起火甚至爆炸。为此破碎过程须在低氧环境下进行，常见的系统为氮气保护系统。

电池进料斗底部与出料斗上部均配有液压闸阀，破碎时，破碎腔内预先充满氮气，氧气浓度控制在 8% 以下，进料斗底部液压闸阀间歇性启闭，完成物料输送，破碎完成后的物料，出料斗液压闸阀打开排料完成一次破碎循环。

破碎时气体压力传感器实时检测破碎腔内的压力数据，并结合氧气浓度数据判断破碎腔内起火爆炸是否发生，当判断爆炸已经发生后，控制系统一方面启动消防设备进行灭火，同时控制打开主动泄爆装置，使产生的高温高压气体向指定安全位置释放，降低爆炸对破碎机造成的危害。

破碎机氮气保护系统除破碎机外主要由顶部进料仓、泄爆阀、防火闸阀1、防火闸阀2、出料溜槽、灭火通道、控制柜、液压站、氧检测系统、气压检测系统及架体等组成（图2-23）。

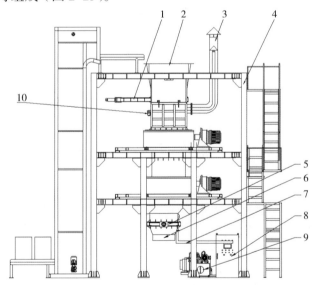

1- 防火闸阀1；2- 进料仓；3- 泄爆阀；4- 架体；5- 防火闸阀2；6- 出料溜槽；
7- 灭火通道；8- 控制柜；9- 液压站；10- 气压检测系统

图 2-23 氮气保护系统

2.6.1.3 分选除杂设备

（1）风选机

风选机系统（气流分选）是以空气为分选介质在气流的作用下使颗粒按

密度或粒度进行分离的一种方法。气流分选的基本原理是气流将较轻的物料向上带走或从水平方向带到较远的地方，而重物料则由于向上气流不能支撑它而沉降下来，或是由于重物料具有较大的惯性而无法轻易改变流向，因此容易穿过气流沉降下来。被气流带走的轻物料，经旋风除尘器进一步收集起来。

具体到锂电池拆解上，风选机主要用于：①将电池中的轻质隔膜去除；②电池外壳与级片分离；③后续在大极片状态下，将铜、铝分离。常用的风选设备有折板式风选机与脉动气流风选柱。

1）折板式风选机

折板式风选机（Z字、之字）是一种在固废处理领域常用的立式风选机，处理粒径一般在 5 ~ 40 mm。因其具有超高的分选效率，一般用于固废处理精细分选或提纯。在锂电池回收领域也有广泛应用，如德国 BHS 等。

折板式风选机工作时，物料（物料 A 与 B）一般由旋转进料器（星形卸料器）进入，这时离心通风机将气流由风选机底部鼓入。物料下落过程中，受到上升气流的作用，密度低的物料（B），向上运动，进入旋风分离器，在分离器底部卸出；密度高的物料（A）由于自身较重，在重力的作用下继续向下运动，由风选机底部卸出，从而实现物料分离。

折板式风选机主要由风选机主体、进料口、离心通风机、出料口、旋风分离器等装置组成（图 2-24）。

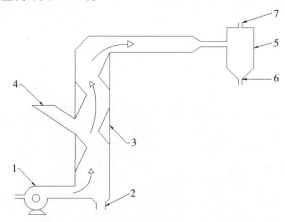

1- 离心通风机；2- 出料口 1；3- 风选机主体；4- 进料口；5 旋风分离器；6- 出料口 2；7- 出气口

图 2-24　折板式风选机

2）脉动气流分选柱

如图 2-25 所示，脉动气流分选柱，工作时物料由进料装置（一般是旋转进料器）8进入。主动风机1输送的气流经过脉动阀门4后产生脉动加速气流，分选气流的脉动频率通过控制与变频器连接的电机进行控制。脉动阀门为蝶阀，阀芯的旋转实现对管路间歇性开关，产生脉动气流。脉动气流加速度越大，待分选颗粒获得的脉动加速度也越大，而颗粒在脉动气流中获得的加速度又和颗粒的密度成反比，即颗粒密度越大，获得的脉动加速度越小，颗粒趋于沉降；颗粒密度越小，其获得的脉动加速度越大，颗粒趋于上升。

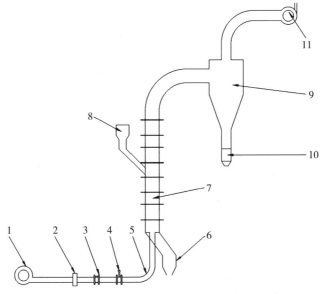

1- 主动风机；2- 阀门；3- 涡街流量计；4- 脉动阀门；5- 进风管路；6- 重物质出料口；7- 风选柱；
8- 进料装置；9- 旋风分离器；10- 轻物质出料口；11- 引风机

图 2-25　脉动气流分选柱

物料在风选柱7内，受到主动风机1产生的脉动气流作用，轻物质在脉动气流作用下往风选柱7上游运动进入旋风分离器9，经轻物质出料口10排出；重物质在重力的作用下由重物料出料口6排出。

（2）回转窑炉

在动力锂电池预处理中，初级破碎后的电池分解为隔膜、外壳、正负极片等，正负极片上粘有粘结剂PVDF，回转窑炉可用于除去隔膜、粘结剂PVDF与残余电解液等，便于后续分选、破碎工艺。

回转窑炉是一个略微倾斜而内衬耐火砖的钢制圆筒，工作时电池破碎后的物料由前端送入窑中进行焚烧，窑体定速旋转以使物料混合均匀、焚烧充分。旋转时需保持适当角度，以利于物料下滑。充分焚烧后的物料冷却后由回转窑尾端排出，进入下一道工序。此过程一般在无氧环境下进行，用于防止电池中铝等金属氧化。

回转窑炉包含进料装置、筒体装置、加热装置、传动装置、架体与出料装置等（图 2-26）。

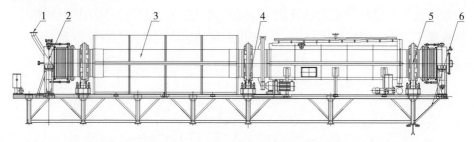

1- 进料装置；2- 筒体装置；3- 加热装置；4- 传动装置；5- 出料装置；6- 架体

图 2-26　回转窑炉

2.6.1.4　筛分类设备

电池粉碎后的物料一般在 30 ~ 50 目，破碎后的物料要分成不同的粒度等级，以便实现铜铝粉于正负极粉的分离。常用的筛分设备为直线振动筛与圆型振动筛。

（1）直线振动筛

直线振动筛采用两台偏心振动电机或者激振器作为动力源。当两台激振器做同步、反向旋转时，其偏心块所产生的激振力在平行于电机轴线的方向互相抵消，在垂直于电机轴的方向叠加为一合力，因此筛子的运动轨迹为一直线。其两电机轴相对筛面有一倾角，在激振力和物料自身重力的合力作用下，物料在筛面上被抛起向前做直线运动，从而达到对物料筛选和分级的目的（图 2-27）。

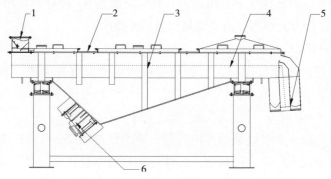

1- 进料口；2- 防尘盖；3- 筛箱；4- 筛网；5- 出料口；6- 驱动装置

图 2-27　直线振筛

（2）圆形摇摆筛

摇摆筛是一种直接模仿人工筛分的低频率旋转筛，它的运动轨迹为瞬时运动的径向位移和以此位移为轴的圆周运动的结合。可以通过调整激振器的偏心距产生非线性的三维运动，物料在筛面上的运动方式类似于手动筛分，从而达到筛分物料的效果，尤其适合圆柱状、片状及其他不规则形状物料的精密筛分（图2-28）。

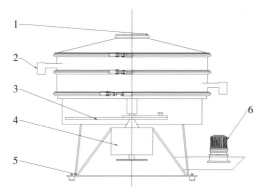

1- 进料口；2- 出料口；3- 摇摆体；4- 主枢轴总成；5- 架体；6- 驱动装置

图 2-28　圆形摇摆筛

2.6.2　湿法冶金设备

2.6.2.1　浸出设备

（1）机械搅拌浸出槽

机械搅拌浸出槽简单结构如图2-29所示，主要部件有：

槽体。其材质应对所处理的溶液有良好的耐腐蚀性。对碱性、中性的非氧化性介质而言，可用普通碳素钢；对酸性介质可用搪瓷，但在高温及浓盐酸的条件下特别是当原料中含氟化物时，搪瓷的使用寿命很短，一般是在钢壳上衬环氧树脂后再砌石墨砖或内衬橡胶；对 HNO_3 介质、NH_4OH-$(NH_4)_2SO_4$ 介质而言，可用不锈钢。浓硫酸体系在常温下可用铸铁、碳钢，高温下应用高硅铁。

加热系统。一般除内衬石墨或橡胶、环氧树脂的槽外，均可用夹套或螺管通蒸汽间接加热。而对衬橡胶或石墨砖的槽，一般用蒸汽直接加热。

搅拌系统。机械搅拌桨常有涡轮式、锚式、螺旋式、框式、耙式等不同类型。搅拌的转速、功率根据槽子尺寸和预处理的矿浆性质而定。

（2）空气搅拌浸出槽（帕秋卡槽）

空气搅拌浸出槽（帕秋卡槽）简单结构如图 2-30 所示。槽内设两端开口的中心管，压缩空气导入中心管的下部，气泡沿管上升的过程中将矿浆由管的下部吸入并上升，由其上端流出，在管外向下流动，如此循环。相对于机械搅拌浸出而言，帕秋卡槽的特点为结构简单，维修和操作简便，有利于气-液或气-液-固相间的反应，但其动力消耗大，约为机械搅拌槽的 3 倍。帕秋卡槽的高径比一般为（2~3）：1，有的达 5：1。

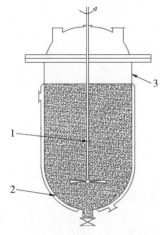

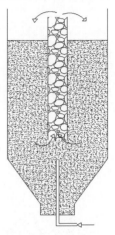

1- 搅拌器；2- 夹套；3- 槽体

图 2-29　机械搅拌浸出槽结构示意

图 2-30　空气搅拌浸出槽

（3）流态化浸出塔

流态化浸出塔结构如图 2-31 所示。固体原料通过加料口加入浸出塔内，浸出剂溶液连续由喷嘴进入塔内，在塔内由于其线速度超过临界速度，因而使固体物料发生流态化，形成流态化床。在床内由于两相间传质传热条件良好，因而迅速进行各种浸出反应。浸出液流到扩大段时，流速降低到临界速度以下，固体颗粒沉降，而清液则从溢流口流出。为保证浸出的温度，塔可做成夹套通蒸汽加热，亦可以用其他加热方式加热。

流态化浸出过程中，液相在塔内的直线速度为重要参数，其值随原料的密度和粒度

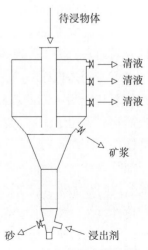

图 2-31　流态化浸出塔结构示意

78

而异。流态化浸出的特点是：溶液在塔内的流动近似于活塞流，容易进行溶液的转换，易实行多段逆流浸出；相对机械搅拌浸出而言，颗粒磨细作用小，因而对浸出后的固态产品保持一定的粒度有利；流态化床内有较好的传质和传热条件，因而有较快的反应速度和较大的生产能力。

（4）高压浸出釜

浸出速度一般随温度的升高而明显增加，某些浸出过程需在溶液的沸点以上进行。对某些有气体参加反应的浸出过程，气体反应剂的压力增加有利于浸出过程，故在高压下进行，这种浸出过程称为高压浸出或压力溶出。高压浸出在高压釜内进行，高压釜的工作原理及结构与机械搅拌浸出槽相似，但应能耐高压，密封良好，若从设备上来说，可归属于机械搅拌浸出。高压釜有立式及卧式两种，卧式高压釜的结构如图 2-32 所示。其材质与上述机械搅拌槽相似。一般浸出槽分成数个室，浆料连续溢流通过每个室，每室有单独的搅拌器。

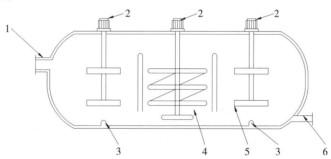

1- 进料口；2- 搅拌器；3- 氧气入口；4- 冷却管；5- 搅拌桨；6- 卸料口

图 2-32　卧式高压釜结构示意

2.6.2.2　萃取设备

萃取设备能够实现料液所含组分的完善分离，按结构可分为混合澄清槽、萃取塔和离心萃取机。

（1）混合澄清槽

混合澄清槽，是最早应用于工业生产的经典萃取设备，它可单级操作，也可多级串联或并联操作。为了加大两相间的接触面积和强化湍流运动，常在混合槽中装设搅拌器，也可采用脉冲或喷射器来实现两相的充分混合。澄清槽的作用是将接近平衡状态的萃取相和萃余相进行分离，对容易澄清的混合液，一般依靠两相间的密度差进行分层。

对于两相间密度差小、界面张力小的物系，可选用旋液分离器或碟片式离心机加速两相的分离。操作过程中，原料液先与萃取剂均匀混合，一相液滴分散于另一连续相中，使物料与溶剂密切接触。为避免澄清槽尺寸过大，分散液滴不宜太小，更不能乳化。

图 2-33 为一种无潜室的混合澄清槽结构图。无潜室混合澄清槽中通常采用大直径桨叶，叶片旋转形成涡流，促使油水两相直接进入混合室，经搅拌混合后流体从混合相出口进入澄清室中分相，混合相出口设置在远离两液相入口的位置，两相分相完成后分别进入下一级设备。无潜室混合澄清槽无需考虑潜室对桨叶安装高度和转速的约束，可根据需要选择搅拌桨安装位置并设定相应的搅拌转速，使物料充分混合而又不会过度搅拌产生乳化现象。但这种无潜室混合澄清槽物料可能未经充分混合便已流出混合室，发生流体的短路现象，同时此设备中物料的级间流动能力较弱，相同体积的设备对物料的处理能力比有潜室槽小[68]。

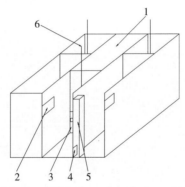

1- 澄清室；2- 油相堰；3- 混合室出口；4- 水相出口；5- 水相堰；6- 搅拌桨

图 2-33　无潜室混合澄清槽结构

混合澄清槽具有以下特点：

①级效率高。在每一级设备内，通过调节搅拌和澄清参数，待萃物的萃取效率可达 90% 以上。

②适应性强。当物料中目标溶质浓度或相比变化较大时仍可实现设备的稳定操作和高效萃取。

③放大简单。混合澄清槽的体积可从小逐步放大至立方米级，不同尺寸设备遵循相似放大的原理。

④可操作性强。当设备内流体发生液泛或乳化等生产事故时，可通过停车静置的方法解决，恢复正常后重新开车即可迅速恢复运行。

⑤占地面积大。混合澄清槽通常采用多级串联的方式运行，当物料所需

萃取级数较大时，整个萃取工艺的占地面积较大。

⑥物料存留量大。在多级串联的运行方式下，需要在开车运行前向槽内加入充足的料液，对于级数较大的萃取工艺过程，设备内存留的料液量巨大，萃取分离企业的一次性投资成本较高。

混合澄清槽虽然出现时间较早，但当前其仍然在石油、化工、冶金、核工业等领域广泛应用，是当前使用最普遍的萃取设备。因此，国内外研究者不断致力于开发更高效、节能、简单的混合澄清槽形式，以提高混合澄清槽的综合性能。

（2）萃取塔

萃取塔又名抽提塔，一种化学工业、石油炼制、环境保护等工业部门常用的液 – 液质量传递设备塔。其内部结构是利用重力或机械作用使一种液体破碎成液滴，分散在另一连续液体中，进行液 – 液萃取。

萃取塔有不同结构和类型：如填料萃取塔、筛板萃取塔、转盘萃取塔、振动筛板塔、多级离心萃取塔等。填料萃取塔结构示意图见图 2–34。

在填料萃取塔中溶液的分离是通过填料的作用实现的。转盘的数量、间距等结构，填料的大小和高度是根据物料的性能和要求分离的程度和纯度等因素计算得到的。

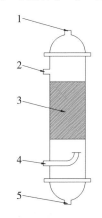

1– 轻液进口；2– 重液进口；3– 填料；
4– 轻液出口；5– 重液出口

图 2–34　填料萃取塔

（3）离心萃取机

离心萃取机是一种新型、快速、高效的液液混合分离设备，离心萃取机利用电机带动转鼓高速转动，密度不同且互不混溶的两种液体在转鼓或桨叶旋转产生的剪切力的作用下完成混合传质，又在转鼓高速旋转产生的离心力的作用下迅速分离。离心机结构示意图见图 2–35。

离心萃取机主要包括工作两个过程，即混合传质与离心分离。离心萃取机可以自动连续完成混合和分离两个过程。

1）混合传质

水相和有机相进入离心萃取机后由高速旋转的转鼓或桨叶剪切分散成微

小液滴，使两相充分接触，从而达到传质的目的。

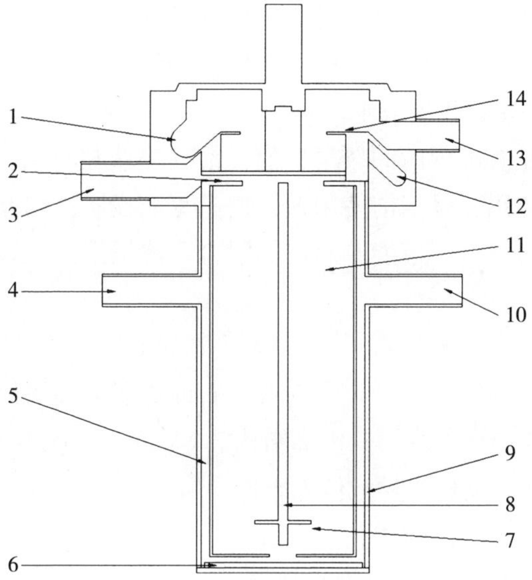

1– 收集腔；2– 轻相堰板；3– 轻相入口；4– 轻相或混合相入口；5– 环形混合区；6– 底部叶轮；
7– 分散盘；8– 叶片；9– 壳体；10– 重相或混合相入口；11– 分离区；12– 收集腔；
13– 重相出口；14– 可调重相堰板

图 2-35　离心萃取机结构示意

影响传质效果的因素：

①混合强度：在一定范围内，混合强度越大，两相分散的微粒越小，其接触面积越大，越有利于传质的进行，但液滴太小不利于分离。提高转速或更换剪切力较强的桨叶可以增大混合强度。

②接触时间：两相接触时间的增加有利于传质进行，当传质过程达到平衡时，接触时间的增加不会提高传质效果，通常减小流通量可以获得较长的接触时间。

③温度：温度会影响传质效果，有的体系传质效果随着温度的升高而提高，有的体系传质效果随着温度的升高会下降。

④物质浓度差：物质浓度差越大越有利于传质。

2）离心分离

水相和有机相经过混合后形成的混合液进入转鼓，在转鼓及其辐板的带动下，混合液与转鼓同步高速旋转而产生离心力。在离心力作用下，密度较大液体在向上流动过程中逐步远离转鼓中心而靠向鼓壁；密度较小的液体逐步远离鼓壁靠向中心。最终两相液体分别通过各自通道被甩入收集腔，两相再从各自收集腔流出，从而完成两相分离过程。

影响分离的因素：

①转速：转速越快，两相在转鼓中分离得越迅速，两相夹带越少；与此同时，提高转速还能起到提高设备的处理量。

②转鼓高度：混合液在转鼓中由下到上慢慢分开，转鼓越高分离效果越好。

③堰板：离心萃取机通过顶部堰板的调整控制两相液体的流出，合适的堰板是两相分离彻底的重要保证。

④物料特性：物料本身的物理特性，如乳化、起泡、密度差的大小都对两相分离影响很大。

⑤离心萃取机的最大分离量：

$$Q = 1.386 \times 10^{-4} \omega D_i^2 L$$

式中：ω 为离心萃取机转速，D_i 为转鼓内径，L 为转鼓高度。

2.6.2.3　固液分离设备

湿法冶金过程实质上是逐步分离物料中有价金属的过程，其得到的产物一般都是固体和液体的混合物，如矿物原料（或冶金生产的二次物料）通过浸出处理后得到的产物是固体和液体的混合物——矿浆。矿浆必须经过分离过程才能达到最终目的，即使杂质和主体金属分离。固液分离顾名思义是指从混合物中分离出固相和液相。在很多工艺过程中应用固液分离以达到下列目的：

①回收有用固体（废弃液体）。

②回收液体（废弃固体）。

③回收固体和液体。

实际生产过程中固液分离的方法很多，但按其进行的原理可以分为两大类：浓缩和过滤。

（1）浓缩设备

浓缩的主要设备为浓缩槽，又称浓密机。浓缩槽是完全由沉降过程来提高浓泥浓度并得到澄清液的工业设备，它由槽体、耙臂、传动装置、提升装置等部件组成。按传动方式不同，浓缩槽分为中心传动和周边传动浓缩槽，大直径的浓缩槽采用周边传动方式。按槽的形状，浓缩槽又分为锥底和斜底两种，生产过程应用最多的是锥底浓缩槽。以下介绍中心传动的锥底浓缩槽，其结构如图 2-36 所示。

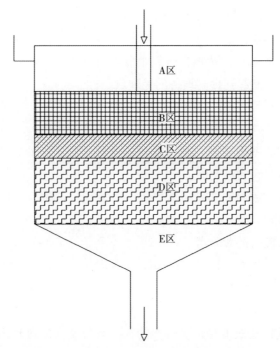

A- 上清液区；B- 上清液澄清区；C- 混合澄清区；D- 浓泥澄清区；E- 浓泥区

图 2-36　浓缩槽处理过程示意

①槽体。浓缩槽上部为圆筒形，常见直径为 10～18 m，高 3～7 m，槽底为圆锥形，圆锥角为 160°，形成漏斗，这样的底能使已沉降的固体物料移向中间，浓泥自锥底孔排出。槽体采用钢筋混凝土，并衬以铅皮、锑铝板或环氧树脂玻璃布等耐腐蚀材料，也有直接采用钢板衬耐腐蚀材料。

在槽内的中心悬挂有缓冲筒，其底装有筛板，圆筒直径 1.5 m，高 1.5 m，由不锈钢板卷制而成。缓冲筒安装时，上口应高于液面，圆筒使进入浓缩槽内的待浓缩矿浆与上清液区隔离以保证上清液质量，筛板起缓冲作用。浸出所得矿浆送入给料圆筒内，不致把澄清液搅混。澄清的上清液通过位于浓缩槽上部边缘的滋流槽放出，聚集于中间的浓泥用砂泵抽出或用其他方法排出。

②耙臂。浓缩槽装有一带有耙齿的十字耙臂组成的特殊机构，以搅拌沉落在槽底的粒子，以便把沉落的粒子移向中间。

③传动装置。为了保证整个带有耙齿的十字耙臂的运动，在浓缩槽槽面设有一套传动装置，它由电动机、齿轮减速机、蜗杆蜗轮减速机等几部分构成。中心轴通过滑键安装在蜗轮的中心孔上，当电动机带动齿轮减速机后，再传动蜗杆蜗轮减速机，从而带动中心轴转动。根据槽子直径的大小不同，

中心轴的转速可控制在10min左右转一圈的范围内。

④提升装置。在浓缩槽顶部设有螺旋提升装置，通过它进行中心轴和耙杆的提升，以便进行负荷的调节和设备的检修与维护。

（2）过滤设备

过滤的基本原理是利用具有毛细孔的物质作为介质，在介质两边造成压力差，产生一种推动力，使液体从细小孔道通过，而悬浮固体则截留在介质上。介质的种类有：编织物、多孔陶瓷、多孔金属、纸浆及石棉。根据过滤介质两边压力差产生的方式不同，过滤机分为压滤机（正压力）与真空过滤机（负压力）。

1）板框压滤机

板框压滤机是间歇式过滤机中应用最广泛的一种。一般的板框压滤机由多个滤板、滤布与滤框交替排列而成。每台过滤机所用滤板、滤布与滤框交替排列，而后转动机头螺旋使板框紧密接合。操作时原料液在压强作用下自滤框上的孔道进入滤框，如图2-37所示，滤液在压强作用下，通过附于滤板上的滤布，沿板上沟渠自板上小孔排出，所生成的滤清留在框内形成滤饼。当滤框被滤渣充满后，放松机头螺旋，取出滤框，将滤饼除去，然后将滤框和滤布洗净，重装。

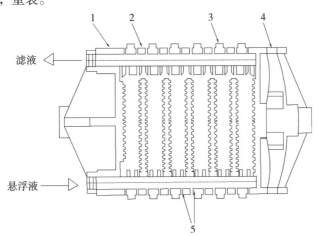

1-固定头；2-板；3-框；4-可动头；5-过滤布

图2-37　板框压滤机结构示意

如果滤饼需要洗涤，过滤机的板就需要有两种构造，一种板上开有洗涤液进口，称为洗涤板；另一种没有洗涤液进口，称为非洗涤板。洗涤在过滤终了后进行，即当滤框已充满滤饼时，将进料阀门紧闭，同时关闭洗涤板下的滤液排出阀门，然后将洗涤液在一定压强下送入。洗涤液由洗涤板进入，穿过滤布和滤框，沿对面滤板下流至排出口排出。

2）箱式压滤机

箱式压滤机如图 2-38 所示。它以滤板的棱状表面向里凹的形式来代替滤框，这样在相邻的滤板间就形成了单独的滤箱。图（a）所示为打开情况，图（b）所示为滤饼压干的情况。

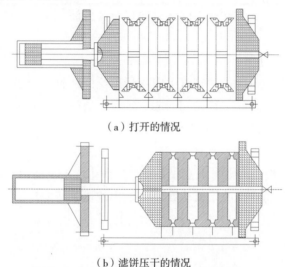

（a）打开的情况

（b）滤饼压干的情况

图 2-38　箱式压滤机打开可压缩示意

进料通道通常与板框压滤机不同。滤箱由每个板中央的相当大的孔连通起来，而滤布由螺旋活接头固定，滤板上有孔。

为了压干滤饼，在每两个滤板中夹有可以膨胀的塑料袋。当过滤结束时，滤饼被可膨胀的塑料袋压榨而降低液体含量。

2.7　电池回收产业参与者及专利布局

2.7.1　全球锂电池回收参与者

表 2-9 展示了全球主要的锂电池回收参与者及其回收技术和主要产品情况，详细回收工艺路线见第三章行业案例一节。

表 2-9　全球主要锂电池回收参与者列表 *

企业名称	主要产品	技术方法	所在国家
邦普循环	镍钴锰三元正极材料	湿法主导	中国
华友钴业	镍钴硫酸盐，磷酸锂	湿法主导	中国
博萃循环	镍钴锰三元前驱体，碳酸锂	湿法主导	中国
格林美	镍钴锰三元前驱体	湿法主导	中国
顺华锂业	碳酸锂、储能级磷酸铁	湿法主导	中国
赣州豪鹏	镍钴硫酸盐，碳酸锂	湿法主导	中国
浙江天能	镍钴锰硫酸盐，碳酸锂	湿法主导	中国
乾泰技术	电池粉料，铜铝	物理拆解	中国
Umicore	镍钴合金，镍钴碳酸盐硫酸盐	火法＋湿法	比利时
TES（Recupyl）	碳酸锂，氢氧化钴	湿法主导	法国
ERAMET	镍钴锰盐，碳酸锂	火法主导	法国
Accurec GmbH	钴合金，碳酸锂	火法主导	德国
BHS-Sonthofen GmbH	电池黑粉，铜铝	物理拆解	德国
Batrec AG	电池粉	火法主导	瑞士
Glencore plc.（Xstrata）	钴镍铜合金	火法主导	瑞士
AkkuSer Oy	金属粉	火法主导	芬兰
Fortum	镍钴锰盐	湿法主导	芬兰
Li-Cycle	硫酸镍/钴，碳酸锂，碳酸锰	湿法主导	加拿大
Inmetco	钴合金	火法主导	美国
Retriev	碳酸锂，混合金属氧化物	湿法主导	美国
American Manganese	镍钴氢氧化物，碳酸锂	湿法主导	美国
Redwood Materials	镍钴锰硫酸盐	湿法主导	美国
Ascend Elements	镍钴锰硫酸盐	湿法主导	美国
Nippon Recycle Center Co.	特种钢原材料	火法主导	日本
Sumitomo Metal Mining	钴合金，铜，镍	火法主导	日本
GS Engineering& Construction Corp.	镍、钴、锂、锰等金属	火法主导	韩国

* 排名不分先后。

2.7.2　专利布局和发展趋势分析

2.7.2.1　专利检索方法

本章节利用智慧芽全球专利数据库（专利数据范围涵盖全球 116 个国

家地区的专利数据，总数超过 1.5 亿条）作为专利数据来源，详细检索方法如下。

①检索策略：按照技术分类及关键词（中英文）、IPC 分类号（H01M 10/54），补充 CPC 分类号（Y02W30/84）等对相关五个技术分支进行专利检索。

②检索时间：2021 年 7 月。

③检索结果：通过去噪、调整、查全率和查准率的评估，最终获得 7156 项专利（技术），合计 9596 件退役电池回收相关专利。

④特别说明：因专利从申请到公开存在滞后性，例如中国发明专利申请自申请日（优先权日）起 18 个月（提前公开除外）才公开，PCT 专利申请一般自申请日起 30 个月才进入国家阶段，从而导致相应国家公布时间晚，所以存在检索日之前 2 年内的专利大部分还未公开而导致数据量变少情况，因此该两年的专利数据仅作为对比参考；专利申请量统计中的"项"表示同一项发明可能在多个国家 / 地区提出专利申请，在进行专利申请数量统计时，对属于同族专利的一系列专利文献，称为"1 项"，一般而言专利申请的项数对应技术的数量；"件"表示一般在分析申请人在不同国家 / 地区或组织所提出专利申请的分布情况，将同族专利申请分开进行统计，所得结果对应于申请件数，从而 1 项专利申请可能对应 1 件或多件专利申请；由于国内外龙头企业存在投资、合资或参股的分 / 子公司，以下对主要的重点公司以分 / 子公司名义申请的专利进行了申请人名称合并，以更准确地掌握重点公司的专利情况。

2.7.2.2 专利发展趋势分析

趋势分析是为了揭示专利申请人各年度申请专利数量的趋势变化，从而反映出申请时间与技术发展情况。

从 2001 年开始的退役电池回收技术专利申请量（项）随时间的变化曲线如图 2-39 所示。从图 2-39 可以看出，总体呈上升趋势，在 2018 年年申请量达到 1065 项，2019 年年申请量达到 1053 项；在 2013 年年申请量达到 419 项为其中一个峰值，这是由于某大学在 2013 年进行了多达 166 项的非正常申请，若排除其影响，可以发现，从 2001 年至今，退役电池回收技术专利量年均增长率保持在 30% 左右，申请量呈现不断上升趋势。

进一步的，排除 2013 年数据的干扰后，通过对每年的专利量和申请人数量分析，形成如图 2-40 所示的专利技术生命周期图。横坐标为专利数量，纵坐标为申请人数量，数据点为申请年；发展至今，相关技术的申请人数量增长态势较为平缓，研究和开发主要集中在少数申请人，而专利数量增加较为快速，通过匹配对照图（虚线），现阶段专利技术处于萌芽期，集中度较高。根据近几年退役电池的不断增加，到 2025 年动力锂电池的理论退役量将达到 94.48 GW·h，年复合增长率为 47.16%[69]；并且各国对于动力锂电池及回收技术的重视[70]，预计在未来几年专利技术将步入成长期。总体上，退役电池回收技术的未来发展前景良好，现阶段开展技术研发，可储备较多的基础技术专利。

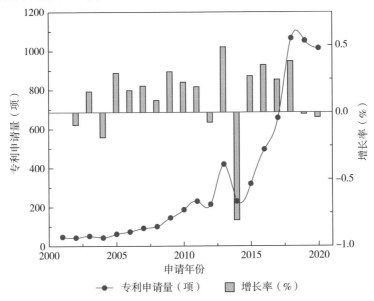

图 2-39　退役电池回收技术全球专利申请趋势

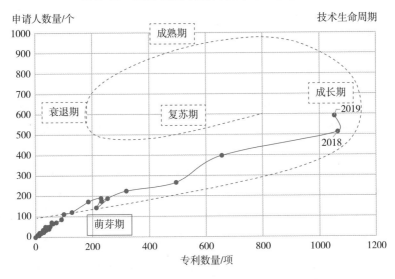

图 2-40　退役电池回收技术的专利技术生命周期

2.7.2.3 专利区域分析

通过区域分析，明确优势国，我国处于总体竞争态势良好状态。从市场区域来看，有 56% 的专利布局在中国，其次是日本（10%）、美国（6%）；从技术来源国来看，有 55% 的专利由中国申请人申请，其次是日本（15%）、美国（5%）。

结合市场区域与技术来源国，分析专利技术市场布局流向，如图 2-41 所示，对比中、美、日、韩、欧五个国家或地区的技术市场布局，各国申请人主要布局本国，其中中国申请人的专利布局较多，但多集中在本国，在欧洲只布局 4 件，在日本布局 13 件，相对较少；而日本申请人的全球布局较为合理，虽然其总量上不如中国申请人，但其在本国国内布

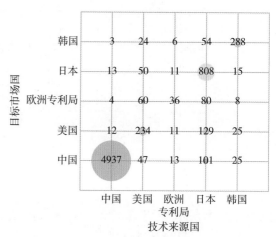

图 2-41　退役电池回收技术市场布局流向

局 808 件的基础上，在美国布局 129 件、在中国布局 101 件、在欧洲布局 80 件；可以看出，相对的，国外申请人比中国申请人更具全球视野，将会成为中国申请人国际布局的主要竞争对手，相关技术也可能成为中国申请人开拓国际市场的技术壁垒；未来中国专利权人应积极在日本、韩国、欧洲、美国等区域布局，强化全球市场的专利布局。

2.7.2.4 主要专利申请人分析

如图 2-42，按照所属申请人（专利权人）的专利数量统计的申请人排名情况，反映不同申请人对退役电池回收技术的研究情况和技术水平，体现技术领域的竞争者分布、科研水平和技术专业性。

可以发现创新成果积累较多的专利申请人为住友金属、中南大学、邦普循环、格林美、国轩高科、中科院过程所、JX 金属等。另外从申请人国别和申请人类型可知，日本企业住友金属以 157 项专利申请排名第一，此外日本企业还有 JX 金属和丰田汽车；中国的高校科研院所如中南大学、中科院过程所、昆明理工大学、兰州理工大学等；中国企业有邦普循环、格林美、国轩高科、豪鹏科技等。总体上，国内企业、高校科研院所都有较强实力，在

排名的第一梯队和第二梯队都有中国的高校院所和企业，说明在退役电池回收技术领域中国的研发主体分布均衡，不仅具有理论研究也有实际应用研究，并且梯队的持续研发能力较强；但从申请量上，国内企业与住友金属仍有差距。

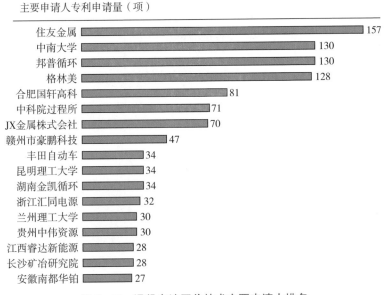

主要申请人专利申请量（项）

图2-42 退役电池回收技术主要申请人排名

2.7.2.5 专利技术分支分析

通过分析退役电池回收技术的放电、拆解、浸出、金属分离提取、前驱体合成等五个技术分支的专利情况，了解退役电池回收技术各分支的创新热度。

退役电池回收分支技术专利占比及申请趋势如图2-43所示。从数量上看，主要以拆解、金属分离提取技术为主，拆解技术申请量为3374项，占比47.12%，金属分离提取技术申请量为3264项，占比45.59%；之后是浸出、前驱体合成、放电技术。从趋势上看，排除2013年某大学的异常情况，五个技术分支的专利都呈上升趋势。在2008年前，五个技术分支数量平缓；从2009年开始，拆解、金属分离提取技术的专利申请量增速加快，2014年开始放电、浸出、前驱体合成技术的专利申请量增加明显；在2009—2015年，金属分离提取的专利申请量逐年大于拆解专利，而在2016—2019年，拆解的专利量逐年大于金属分离提取，并在近年的申请量大大领先其他技术分支。退役电池回收技术由于电池的种类、规格多样，其中电池由壳体、正极、负极、电解液、隔膜等组成，拆解难度大，并且也为了减少环境污染，提高再生资源综合利用水平，拆解属于退役电池回收技术的基础，并且其设备集成度高，属于退役电池回收产业化前的关键技术。

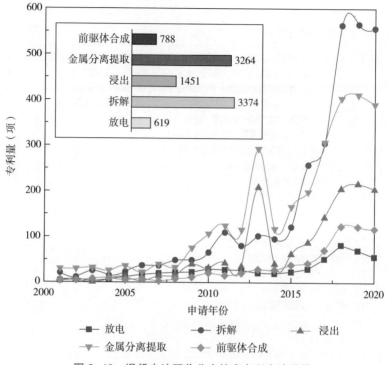

图 2-43　退役电池回收分支技术专利申请趋势

　　图 2-44 为退役电池回收分支技术市场布局情况。从数量上看，在各个技术分支上，中国市场的专利量都大于其他国家，尤其在拆解、金属分离提取技术上；从各个技术分支的相对比例上可以看出，中国市场的拆解技术大于金属分离提取技术，而在其他国家和地区，如日本、美国、韩国、欧专局、世界知识产权组织，一般是金属分离提取技术的专利量大于拆解技术。中国作为退役电池回收分支技术的主要创新国和市场国，近几年发展快速，主要技术集中在回收技术的热点技术——拆解和金属分离提取，并且不断研发解决拆解难的问题；同时其他国家和地区的金属分离提取的技术属于主要研发方向，以提高金属回收率。

　　从具体的各个技术分支的申请人来看（图 2-45），尽管在各个技术领域，中国区域专利量都远远大于其他国家和地区，但从申请人来看，主要研发主体上，中国申请人在各个技术领域并不具有绝对优势；在放电技术上，排名第一位为丰田汽车；在拆解技术上，国内主要企业格林美、邦普循环、国轩高科处于领先地位，而日本的 JX 金属、住友金属也有一定的专利量布局；在浸出技术上，国内主要集中在中南大学、中科院过程所等高校院所，之后是邦普循环和日本的 JX 金属、住友金属；金属分离提取技术上，住友金属具有绝对的优势，之后是中南大学和 JX 金属，而国内企业邦普循环和格林美也具有一定的专利布局，国内各高校院所在此领域也具有一定量的专利布局；在前驱体合成领域，主要为国内企业和高校院所。

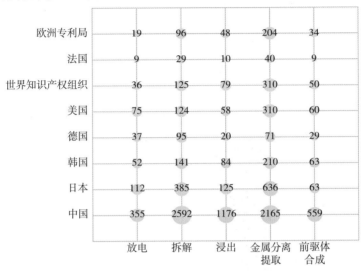

图 2-44　退役电池回收分支技术市场布局情况

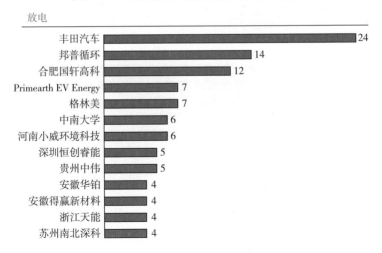

拆解

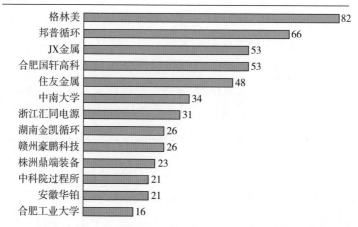

金属分离提取

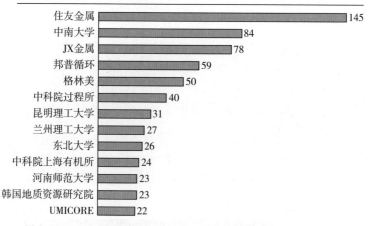

浸出

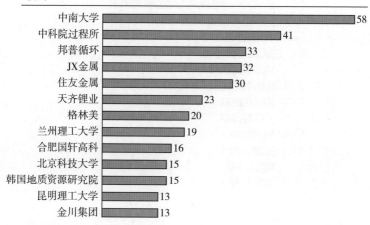

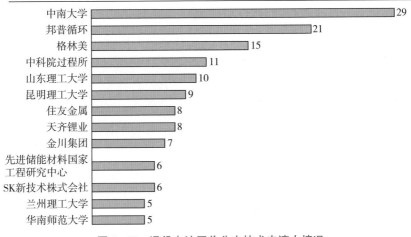

图 2-45 退役电池回收分支技术申请人情况

2.7.2.6 金属分离提取专利分支分析

金属分离提取，通过分析其不同的电池类型，分为三元锂电池、磷酸铁锂电池、铅酸电池；根据提取有价金属的情况，其中三元锂电池还包括钴酸锂电池、锰酸锂电池等包括钴、锰、镍等金属的电池。

如图 2-46 所示，在金属分离提取技术分支专利申请趋势上，主要为三元锂电池，2825 项，占比为 73.02%；其次是磷酸铁锂电池、铅酸电池。三元锂电池作为现有电动汽车的主要动力锂电池，也是电池退役潮的主力电池，全球技术也主要集中在如何回收三元锂电池。磷酸铁锂电池作为公交、大巴车等客车的主力动力锂电池，寿命约为 8 年，未来几年必将出现爆发式的动力锂电池退役潮，虽然其回收价值不如三元锂电池，主要价值为锂的回收，但采用高温修复法的全组分回收技术路线可以实现锂、铁、磷元素的高回收率[71]。

2.7.2.7 总结

本章通过专利检索与分析的方法，对退役电池的回收技术开展研究，结果表明：①现阶段退役电池回收技术处于萌芽期，集中度较高，预计在未来几年将步入成长期。总体上，退役电池回收技术的未来发展前景良好，现阶段开展技术研发，可储备较多的基础技术专利。②中国市场及中国申请人是退役电池回收技术的主要市场和申请人，但中国申请人的国际布局较少，国外申请人更具全球视野，未来开拓国际市场，可能存在技术壁垒；未来中国专利权人应积极在日本、韩国、欧洲、美国布局，强化全球市场的专利布局。③中国的高校科研院所、企业都具有较多的专利申请，研发主体分布均衡，不仅具有理论研究也有实际应用研究，并且梯队的持续研发能力较强；但从申请量上，国内企业与住友金属仍有差距。④技术分支上，拆解技术是近年的主要申请方向。中国市场的拆解技术专利量多于金属分离提取技术，而在其他国家和地区金属分离提取技术的专利量大于拆解技术；在放电技术上，丰田汽车排名第一，金属分离提取技术上，住友金属具有绝对的优势；我国企业仍需加强放电、金属分离提取技术的专利布局。⑤在金属分离提取技术的细分领域，主要为三元锂电池技术，未来几年也将以三元锂电池、磷酸铁锂电池的专利布局为主。

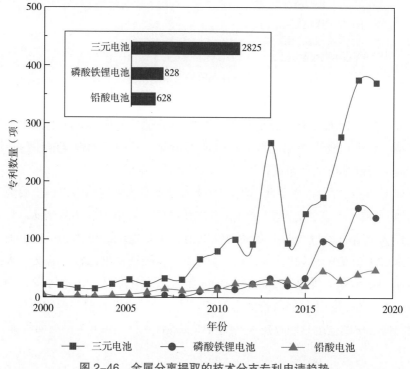

图 2-46　金属分离提取的技术分支专利申请趋势

根据行业现状，我国企业与高校院所应进一步推进退役电池回收技术的研发，加强产学研相结合，扩大国际布局与技术分支的完善，推动中国退役动力锂电池回收技术领域的持续健康发展，以落实"双碳"战略，加快能源转型。

参考文献

［1］Li H, Xing S, Liu Y, et al. Recovery of lithium, iron, and phosphorus from spent LiFePO₄ batteries using stoichiometric sulfuric acid leaching system[J]. ACS sustainable chemistry & engineering, 2017, 5(9): 8017-8024.

［2］Tang Y. Q., Xie H. W., Zhang B. L., et al. Recovery and regeneration of LiCoO₂-based spent lithium-ion batteries by acarbothermic reduction vacuum pyrolysis approach: controlling the recovery of CoO or Co[J]. Waste Management, 2019, 97: 140-148.

［3］Liu P. C., Xiao L., Tang Y. W., et al. Study on the reduction roasting of spent LiNiₓCoᵧMnᵤO₂ lithium-ion battery cathode materials[J]. Journal of Thermal Analysis and Calorimetry, 2018, 136 (3): 1323-1332.

［4］张光文. 基于热解的废旧锂离子电池电极材料解离与浮选基础研究 [D]. 徐州：中国矿业大学，2019.

［5］张涛. 废弃锂离子电池破碎及富钴产物浮选的基础研究 [D]. 徐州：中国矿业大学，2020.

［6］Toma1 CM, Ghica1 GV, Buzatu1 M, et al. A Recovery Process of Active Cathode Paste from Spent Li-Ion Batteries[J]. Materials Science and Engineering, 2017, 209: 012034.

［7］刘江山. 废旧锂离子电池电极材料低温破碎、研磨及浮选分离研究 [D]. 徐州：中国矿业大学，2020.

［8］Li Li, Zhai Longyu, Zhang Xiaoxiao, et al. Recovery of valuable metals from spent lithium-ion batteries by ultrasonic-assisted leaching process[J]. Journal of Power Sources, 2014, 262: 380-385.

［9］Jha MK, Kumari A, Jha AK, et al. Recovery of lithium and cobalt from waste lithium ion batteries of mobile phone[J]. Waste Management, 2013, 33(9):1890-1897.

［10］钱王，张婉玉，董惠娴，等. 超声波强化有机酸浸出废旧锂离子电池中钴的试验研究 [J]. 广东化工，2021, 48(443): 48-50.

［11］Wei Zhaohuan. Cheng Jun. Wang Rui, et al. From spent Zn-MnO₂ primary batteries to rechargeable Zn-MnO₂ batteries: A novel directly recycling route with high battery performance[J]. Journal of Environmental Management, 2021, 298: 113473.

［12］刘元龙，刘道坦，夏诗忠，等. 骆驼集团武汉光谷研发中心有限公司. 用于锂离子电池铝材料碱溶及循环利用方法的设备：中国，CN207474626U[P]. 2018-06-08.

［13］FANE S，LI L，ZHANG X X，et a1. Selective recovery of Li and Fe from spent lithium-ion batteries by all environmentally friendly mechanochemical approach[J]. ACS

Sustainable Chemistry & Engineering, 2018, 6:11029-11035.

[14] Barik SP, Prabaharan G, Kumar L. Leaching and separation of Co and Mn from electrode materials of spent lithium-ion batteries using hydrochloric acid: laboratory and pilot scale study[J]. J Clean Prod, 2017, 147:37–43.

[15] Kang J, Senanayake G, Sohn J, et al. Recovery of cobalt sulfate from spent lithium ion batteries by reductive leaching and solvent extraction with Cyanex 272[J]. Hydrometallurgy, 2010，100(3–4):168–71.

[16] Lee CK, Rhee KI. Preparation of $LiCoO_2$ from spent lithium-ion batteries[J]. J Power Sources, 2002, 109(1):17–21.

[17] Joulié M, Laucournet R, Billy E. Hydrometallurgical process for the recovery of high value metals from spent lithium nickel cobalt aluminum oxide based lithium-ion batteries[J]. J Power Sources, 2014, 247(3):551–5.

[18] Xu JQ, Thomas HR, Francis RW, et al. A review of processes and technologies for the recycling of lithium-ion secondary batteries[J]. J Power Sources, 2008, 177(2):512–27.

[19] Chen L, Tang XC, Zhang Y, et al. Process for the recovery of cobalt oxalate from spent lithium-ion batteries[J]. Hydrometallurgy, 2011, 108 (1–2):80–6.

[20] Zheng Y, Long HL, Zhou L, et al. Leaching procedure and kinetic studies of cobalt in cathode materials from spent lithium ion batteries using organic citric acid as leachant[J]. Int. J. Environ. Res., 2016, 10:159-168.

[21] Zhang XH, Cao HB, Xie YB, et al. A closed-loop process for recycling $LiNi_{1/3}Co_{1/3}Mn_{1/3}O_2$ from the cathode scraps of lithium-ion batteries: process optimization and kinetics analysis[J]. Sep Purif Technol, 2015, 150:186–95.

[22] Xin B, Zhang D, Zhang X, et al. Bioleaching mechanism of Co and Li from spent lithium-ion battery by the mixed culture of acidophilic sulfur-oxidizing and iron-oxidizing bacteria[J]. Bioresour. Technol., 2009, 100:6163-6169.

[23] Zeng GS, Deng XR, Luo SL, et al. A copper-catalyzed bioleaching process for enhancement of cobalt dissolution from spent lithium-ion batteries[J]. J. Hazard. Mater., 2012, 199:164-169.

[24] Zeng GS, Luo SL, Deng XR, et al. Influence of silver ions on bioleaching of cobalt from spent lithium batteries[J]. Miner. Eng., 2013, 49:40-44.

[25] Horeh NB, Mousavi SM, Shojaosadati SA. Bioleaching of valuable metals from spent lithium-ion mobile pHone batteries using Aspergillus niger[J]. J. Power Sources, 2016, 320: 257-266.

[26] Niu ZR, Zou YK, Xin BP, et al. Process controls for improving bioleaching performance of both Li and Co from spent lithium ion batteries at high pulp density and its thermodynamics and kinetics exploration[J]. Chemosphere, 2014, 109:92-98.

［27］Higuchi A, Ankei N, Nishihama S, et al. Selective recovery of lithium from cathode materials of spent lithium ion battery[J]., JOM, 2016, 68:2624-2631.

［28］Zhu HS, Yuan ZZ, Zeng WQ, et al. Study on combined leaching of waste lithium cobaltate and lithium iron phosphate positive materials[J]. Chinese Journal of Power Sources, 2020, 5:653-672.

［29］Zeng XL, Li JH, Shen BY. Novel approach to recover cobalt and lithium from spent lithium-ion battery using oxalic acid[J]. J. Hazard. Mater., 2015, 295:112-118.

［30］Zhang XX, Bian YF, Xu SWY, et al. Innovative application of acid leaching to regenerate $Li(Ni_{1/3}Co_{1/3}Mn_{1/3})O_2$ cathodes from spent lithium-ion batteries[J]. ACS Sustainable Chem. Eng., 2018, 6:5959-5968.

［31］Chen X, Ma H, Luo C, et al. Recovery of valuable metals from waste cathode materials of spent lithium-ion batteries using mild phosphoric acid[J]. J. Hazard. Mater., 2017, 326: 77-86.

［32］Bian D, Sun Y, Li S, et al. A novel process to recycle spent $LiFePO_4$ for synthesizing $LiFePO_4$/C hierarchical microflowers[J]. Electrochim. Acta, 2016, 190:134-140.

［33］Nan JM, Han DM, Zuo XX. Recovery of metal values from spent lithium-ion batteries with chemical deposition and solvent extraction[J]. J Power Sources, 2005, 152:278–84.

［34］Chen L, Tang XC, Zhang Y, et al. Process for the recovery of cobalt oxalate from spent lithium-ion batteries[J]. Hydrometallurgy, 2011, 108:80-86.

［35］Wang S, Wang C, Lai F. Reduction-ammoniacal Leaching to Recycle Lithium, Cobalt, and Nickel from Spent Lithium-ion Batteries with a Hydrothermal Method: Effect of Reductants and Ammonium salts[J]. Waste Management, 2020, 102:122-130.

［36］Ku H, Jung Y, Jo M, et al. Recycling of spent lithium-ion battery cathode materials by ammoniacal leaching[J]. J. Hazard. Mater. 2016, 313:138-146.

［37］Li L, Zhai LY, Zhang XX, et al. Recovery of valuable metals from spent lithium-ion batteries by ultrasonic-assisted leaching process[J]. J. Power Sources, 2014, 262:380-385.

［38］Zhu SG, He WZ, Li G M, et al. Recovery of Co and Li from spent lithium-ion batteries by combination method of acid leaching and chemical precipitation[J]. Trans. Nonferrous Met. Soc. China, 2012, 22:2274-2281.

［39］Guan J, Li YG, Guo YG, et al. Mechanochemical process enhanced cobalt and lithium recycling from wasted lithium-ion batteries[J]. ACS Sustainable Chem. Eng., 2017, 5: 1026-1032.

［40］Bertuol DA, Machado CM, Silva ML, et al. Recovery of cobalt from spent lithium-ion batteries using supercritical carbon dioxide extraction[J]. Waste Manage., 2016, 51:245-251.

［41］湖南邦普循环科技有限公司. 废旧电池资源化利用工程改扩建项目环境影响报告书[EB/OL]. (2016-12-11). [2021-12-20]. https://max.book118.com/html/2016/1207/69176350.shtm.

［42］王雪，北京博萃循环科技有限公司. 羧酸类化合物、其制备方法及应用：中国，CN111592459A[P]. 2020-08-28.

［43］Zou H, Gratz E, Apelian D, et al. A novel method to recycle mixed cathode materials for lithium ion batteries[J]. Green chemistry, 2013,15(5):1183.

［44］Kang J, Sohn J, Chang H, et al. Preparation of cobalt oxide from concentrated cathode material of spent lithium ion batteries by hydrometallurgical method[J]. Advanced power technology, 2010,21(2):175-179.

［45］Cui J, Forssberg E. Mechanical recycling of waste electric and electronic equipment: a review[J]. J Hazard Mater, 2003, 99(3): 243 - 263.

［46］Sattar R, Ilyas S, Bhatti HN, et al. Resource recovery of critically-rare metals by hydrometallurgical recycling of spent lithium ion batteries[J]. Sep Purif Technol. 2019, 209:725-733.

［47］肖松文，毛拥军，任国兴，等. 长沙矿冶研究院有限责任公司. 废旧锂离子电池中有价金属回收的方法：中国, CN104611566B[P]. 2015-05-13.

［48］Gaines L, Dai Q, Vaughey J T, et al. Direct recycling R&D at the ReCell center[J]. Recycling, 2021, 6(2): 31.

［49］Shi W, Hu X, Wang J, et al. Analysis of thermal aging paths for large-format LiFePO$_4$/graphite battery[J]. Electrochimica acta, 2016, 196: 13-23.

［50］Jiang G, Zhang Y, Meng Q, et al. Direct regeneration of LiNi$_{0.5}$Co$_{0.2}$Mn$_{0.3}$O$_2$ cathode from spent lithium-ion batteries by the molten salts method[J]. ACS Sustainable Chemistry & Engineering, 2020, 8 (49):18138-18147.

［51］Chen M, Ma X, Chen B, et al. Recycling end-of-life electric vehicle lithium-ion batteries[J]. Joule 2019, 3 (11):2622-2646.

［52］Gao H, Yan Q, Xu P, et al. Efficient Direct Recycling of Degraded LiMn$_2$O$_4$ Cathodes by One-Step Hydrothermal Relithiation[J]. ACS Applied Materials & Interfaces, 2020, 12 (46): 51546-51554.

［53］Wang L, Li J, Zhou H, et al. Regeneration cathode material mixture from spent lithium iron phosphate batteries[J]. Journal of Materials Science: Materials in Electronics, 2018, 29 (11): 9283-9290.

［54］Xu P, Dai Q, Gao H, et al. Efficient direct recycling of lithium-ion battery cathodes by targeted healing[J]. Joule, 2020, 4 (12):2609-2626.

［55］Song X, Hu T, Liang C, et al. Direct regeneration of cathode materials from spent lithium iron phosphate batteries using a solid phase sintering method[J]. RSC Advances, 2017, 7 (8): 4783-4790.

［56］Li X, Zhang J, Song D, et al. Direct regeneration of recycled cathode material mixture from scrapped LiFePO$_4$ batteries[J]. Journal of Power Sources, 2017, 345:78-84.

［57］Shi H, Zhang Y, Dong P, et al. A facile strategy for recovering spent LiFePO$_4$ and LiMn$_2$O$_4$ cathode materials to produce high performance LiMn$_x$Fe$_{1-x}$PO$_4$/C cathode materials[J]. Ceramics International, 2020, 46(8): 11698-11704.

［58］Clemens O, Slater P. R. Topochemical modifications of mixed metal oxide compounds by low-temperature fluorination routes[J]. Reviews in Inorganic Chemistry, 2013, 33 (2-3): 105-117.

［59］Zhang Y, Huo Q, Du P, et al. Advances in new cathode material LiFePO$_4$ for lithium-ion batteries[J]. Synthetic Metals, 2012, 162 (13-14):1315-1326.

［60］Xu B, Dong P, Duan J, et al. Regenerating the used LiFePO$_4$ to high performance cathode via mechanochemical activation assisted V^{5+} doping[J]. Ceramics International, 2019, 45 (9):11792-11801.

［61］Yang Z, Dai Y, Wang S, et al. How to make lithium iron pHospHate better: a review exploring classical modification approaches in-depth and proposing future optimization methods[J]. Journal of Materials Chemistry A, 2016, 4 (47):18210-18222.

［62］Wang J, Sun X. Olivine LiFePO$_4$: the remaining challenges for future energy storage[J]. Energy & Environmental Science, 2015, 8 (4):1110-1138.

［63］Zhu P, Yang Z, Zhang H, et al. Utilizing egg lecithin coating to improve the electrochemical performance of regenerated lithium iron phosphate[J]. Journal of Alloys and Compounds, 2018, 745:164-171.

［64］Eftekhari, A. LiFePO$_4$/C nanocomposites for lithium-ion batteries[J]. Journal of Power Sources, 2017, 343:395-411.

［65］Song W, Liu J, You L, et al. Re-synthesis of nano-structured LiFePO4/graphene composite derived from spent lithium-ion battery for booming electric vehicle application[J]. Journal of Power Sources, 2019, 419:192-202.

［66］Harper G, Sommerville R, Kendrick E, et al. Recycling lithium-ion batteries from electric vehicles[J]. nature, 2019, 575(7781): 75-86.

［67］Yang Y, Meng X, Cao H, et al. Selective recovery of lithium from spent lithium iron phosphate batteries: a sustainable process[J]. Green Chemistry, 2018, 20 (13):3121-3133.

［68］邹洋，王运东，费维扬. 混合澄清槽研究进展 [J]. 化工设备与管道，2014, 51(5): 40-46.

［69］李建林，李雅欣，郭丽军. 退役动力电池梯次利用发展态势与政策体系研究 [J]. 分布式能源，2021, 6(3): 32-37.

［70］杨红斌. 用于新能源汽车的锂离子动力电池研究进展 [J]. 世界科技研究与发展，2020, 42(1): 79-86.

［71］陈永珍，黎华玲，宋文吉，等. 废旧磷酸铁锂电池回收技术研究进展 [J]. 储能科学与技术，2019, 8(2): 237-247.

第三章 行业典型案例

本章主要介绍退役锂电池回收企业的典型工艺流程，列举了主要的锂电回收企业，并针对这些企业所应用的工业化回收流程进行介绍和分析，分析了各个工艺流程的优势所在和存在问题，并通过对各流程工艺对比，发现不同技术、流程的特点与差异，以及实际应用情况，为后续开发新的流程做准备。

3.1 中国

中国的锂电池回收起步较早，目前有已建和拟建企业数百家，基本以湿法为主，下面选取有代表性的企业作为代表，分别详细介绍。

3.1.1 邦普循环

广东邦普循环科技有限公司（简称"邦普循环"）是国内领先的废旧电池循环利用企业，聚焦电池回收、资源回收与材料回收三大板块，通过独创的定向循环技术，在全球废旧电池回收领域率先破解了"废料还原"的行业性难题。目前已具备年回收处理退役电池及过程料超 12 万 t 的产能，电池产品核心金属材料总回收率达到 99.3% 以上，远高于传统湿法回收 95% 的回收率，且处理能力位居亚洲首位。目前在全球已设立广东、湖南、宁德、湖北、印尼等生产基地，公司在电池材料生产方面，NCM 和 LFP 正极材料的年产能分别高达 30 万 t 和 36 万 t。

邦普循环是退役电池回收利用循环经济国家级标准化试点、广东省新能源汽车动力蓄电池回收利用试点，并加入全国废弃化学品处置标准化技术委员会废弃电池化学品处理处置工作组（SAC/TC294/WG1）组长单位等。

邦普循环开发"定向循环"的新型绿色高回收效率的回收技术，完成"电池—废电池—电池材料—电池"的闭环生态回收过程，如图 3-1 所示。

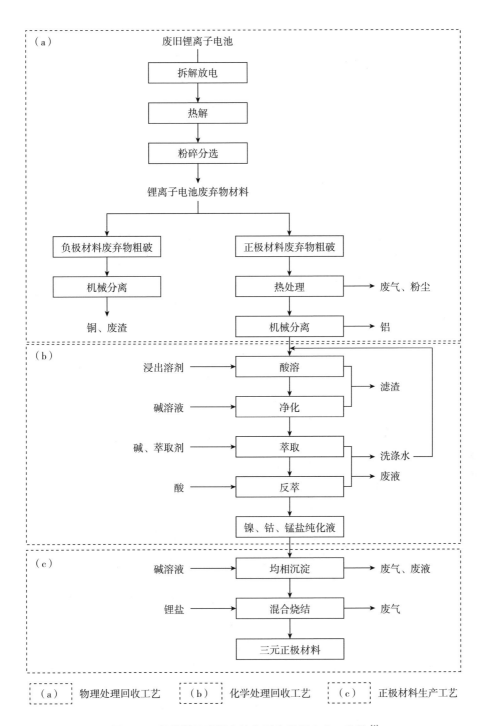

图 3-1 邦普循环废旧电池包再生利用生产工艺线 [1]

　　公司回收的电池以单体电池为主，其主要回收工艺包括物理处理和化学处理两部分，物理处理主要流程为拆解放电—热解—粉碎分选，最终得到铜铝粉和黑粉（电极粉），其中放电过程采用电池切壳放电机放电或盐水放电，热解采用回转窑，热解烟气通过二次燃烧＋旋风除尘＋碱液喷淋的方式进而实现解决环境污染问题。

　　化学处理主要流程为酸溶—净化—萃取—反萃—共沉淀，最终生成镍钴锰氢氧化物前驱体。具体步骤为：将预处理工段输入的三元电池粉与硫酸、双氧水按照一定配比混合均匀，泵入反应釜中，升温反应过滤后得到镍钴锰溶液；加入硫酸镍、碳酸镍等原料调节溶液的 pH 值，加入铁粉，通过置换作用，使铜沉淀分离，得到的海绵铜可作为副产品外售；再向料液中加入氯酸钠、氢氧化钠溶液、以及碳酸锰等，其中碳酸锰用于调节镍钴锰的比例，使二价铁转化成三价铁，再通过氢氧化钠溶液调节 pH 值，使铁和铝生成铁铝矾渣沉淀，至此完成除铁铝过程；后续深度除杂和提纯均采用萃取的方式，萃取剂均采用 P204，首先在一定温度和 pH 值的条件下进行粗萃，去除钙、镁、锂等杂质。其中锂杂质再通过除杂、蒸发浓缩、除油、过滤洗涤等步骤得到碳酸锂产品。萃余液继续进行精萃处理，在硫酸体系下，调节温度和 pH 值，对料液中的镍、钴、锰进行反萃提纯，过程中产生的硫酸雾用酸雾吸收塔收集，同时反萃后的萃取剂还可再生利用；对硫酸镍钴锰进行配料后加入氢氧化钠和氨水，进行共沉淀，在一定的反应条件下保温一定时间后即可压滤、洗涤、烘干，得到三元前驱体。本工序采取环保的处理方式，即脱氨处理后的氨水可重复利用。

　　正极材料生产工艺是将三元前驱体与锂盐混合一起在纯氧的氛围和一定的温度下恒温恒压煅烧一定时间后即可得到三元正极材料，除磁处理后可使用。

　　邦普循环开发的"定向循环"技术不仅具有成本低和能耗低等优势，而且能回收 Li 金属资源，回收过程不会造成金属氧化，以及不会产生有毒废气进而对环境造成危害，是一种经济可行和绿色低碳的回收方式，另外通过"定向循环"技术合成的产品具有更高的纯度，且反应过程更容易控制，但对原材料成分敏感，导致原料成分对纯度影响较大。"定向循环"技术对有价金属的回收率（99.3%）高于电池回收标准（镍、钴元素的回收率均应不低于98%，锰元素的回收率应不低于95%）。

3.1.2　华友钴业

浙江华友钴业股份有限公司（简称"华友钴业"），是一家从事新能源锂电材料和钴新材料的研发、制造以及钴、铜有色金属采、选、冶的高新技术企业。公司秉持"创新价值、造绿资源"的经营理念，以"打造世界一流回收生态、树立行业标杆、建立行业标准"为目标，在退役动力蓄电池回收利用全流程建立了可控、高效的安全应急管理体系，并在实践中不断研发和创新。2017 年设立了衢州华友资源再生科技有限公司，专门从事锂电池回收业务。目前已经建立成熟的回收分选网络，自电池进入回收网点伊始，运输、仓储、拆解、粉碎、湿法冶金、材料再造形成了一体化的回收网络。华友钴业退役锂电池处理工艺流程的预处理阶段为：破碎—分选—煅烧后获得黑粉（电极粉）。其预处理工艺流程详见图 3-2。

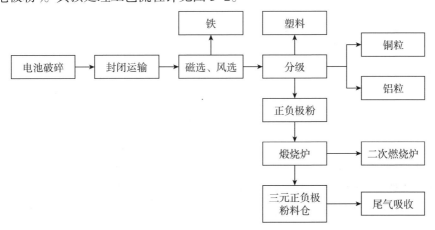

图 3-2　华友钴业退役锂电池预处理工艺流程 [2]

三元废电池首先进入到破碎室内破碎，破碎过程采用剪切撕裂的方式，机箱内部设有高速运转的刀辊，将电芯破碎成一定粒度的片状材料，塑料粒径较大，不能通过筛网，此过程可去除大部分塑料；再进入磁选，分选出铁；然后进一步进行破碎，继续筛分出塑料；通过风选分离出金属粒（铜、铝粒）；最后筛分分离出正负极材料粉，进入转炉煅烧，然后进入粉料仓内。

后续处理主要针对黑粉进行湿法回收，黑粉进行还原浸出—萃锰—萃杂—萃钴—萃镍—富锂等工艺，最后采用 Na_3PO_3 进行沉锂。正负极粉末（黑粉）通过硫酸加双氧水浸出，浸出过程中的 pH 控制在 1.5 左右，温度控制在 70℃，浸出时间为 6h，镍、钴、锰的浸出率都在 98% 以上，然后对浸出液进行萃取，萃取时依据不同萃取剂对不同金属离子的溶解度不同，采用分步萃取，首先以 C272 作为萃取剂进行萃锰，萃余液进行下一段萃取，采用 P204 作为萃取剂进行除杂，此过程主要去除钙、镁，然后采用 P507 分别对钴和镍进行萃取，最后所得的萃余液中含有较为纯净的锂，采用 Na_3PO_3 进行沉锂。

华友钴业所给出预处理流程较为完整，也是目前市场中常用的预处理流程，能实现各组分的分类回收，回收得到的三元正负极进行后续处理，在处理过程同样采用酸浸—萃取的回收技术路线，不同的是，华友钴业采用的萃取技术更为复杂，共分为三段萃取，分别采用 C272、P204 和 P507 作为萃取剂，萃取路线长，所导致的萃取成本和污水处理压力增加，但值得肯定的一点是，该路线在萃取阶段就可以完成锰的单独回收，因此后续回收的镍钴会更加纯净。

3.1.3 博萃循环

博萃循环致力于稀有金属提取与高端金属材料循环利用的工艺研发和装备研制。通过分离体系的创新、工艺流程的短程闭环设计和智能化装备制造，赋能国内外回收企业、车企、电池制造商、电池运营商等回收责任主体实现资源短程闭路循环，推动锂电新能源的金属资源可持续利用。锂电池回收工艺流程详见图 3–3。

退役动力锂电池单体放电后，经提升机提升至破碎工段，单级粗破碎后，经破碎后的物料可通过热解炉进行热解或有机溶剂清理蒸干或直接蒸干去除电池内有机组分。去除有机组分后的物料进入磁选机，通过磁选装置分离铁片/壳，余下的粉料经过二次破碎/震动筛震动分选，分离出铜铝箔、极粉。破碎、裂解、分选过程产生的废气经除尘、二次燃烧冷却后进入废气处理系统。极粉通过浸出釜浸出后进入萃取工序得到电池级金属盐（镍钴锰）。下面针对有机组分去除和镍钴锰共萃进行详细介绍。

（1）有机组分去除

主要有三种办法：热解炉裂解、有机溶剂清洗和挥发收集。

1）裂解去除法

破碎后原料由带式输送机经上料仓加入裂解炉，在 350～600℃ 温度下进行裂解焙烧反应，使电池粉末中粘结剂及残余的有机物分解脱除。热解焙烧烟气经集气罩收集后进入二燃室，经喷嘴通入助燃空气使烷类气体 $C_xH_yO_z$ 充分燃烧生成 H_2O 和 CO_2：

$$C_xH_yO_z + O_2 \rightarrow CO_2 \uparrow + H_2O$$

二燃室出口烟气先经表面冷却器降温至 110～120℃，后进入袋式除尘器收尘，除尘器出口烟气再由风机送入碱液喷淋塔，脱除 HF、OPF_3 等含氟气体后达标排放。循环吸收废液定期开路泵送氧化钙，中和沉淀系统脱除溶液中的磷酸根与氟离子。

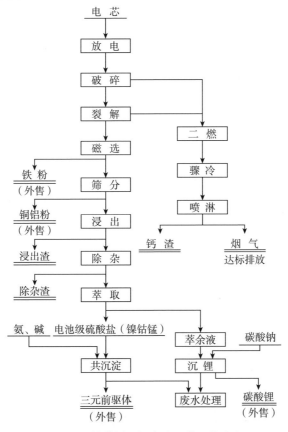

图 3-3　博萃循环锂电池回收工艺流程

2）有机溶剂清理

使用绿色环保有机溶剂将电池组分中的有机物溶解，其余组分进入下一道工序，溶解后的有机混合物通过精馏分离，将有机溶剂回收，再返回清洗工序。

本项设计的有机溶剂清洗特点：

①有机溶剂自身属绿色环保有机物。

②在清理工段，有机溶剂可回收反复使用，溶剂几乎无消耗，运行成

本低。

3）挥发收集

利用电池中有机物易挥发的特性，设定在低温环境下加热挥发，再冷凝收集。

本项设计的有机组分挥发收集特点：

①根据有机组分自身特点，加热温度低，能耗低。

②通过冷凝可将有机物收集，几乎无外排。

（2）镍钴锰共萃

对浸出液进行除杂后，溶液中主要为镍钴锰镁锂等盐溶液，传统流程将分步针对其中各金属进行逐一萃取，再经混合后制备三元前驱体。博萃循环自主开发出 BC196 萃取剂，可一步从溶液中将镍钴锰三种金属共萃，反萃液可达到直接生产三元前驱体原料。

共萃工艺主要分五个部分：皂化、萃取、洗涤、反萃、再生。

①皂化：为萃取段的预平衡，将再生有机相和碱性化合物（氢氧化钠、氨水）混合，达到充分混合，得到皂化有机相。

$$2HA（org）+ NaOH \rightarrow 2NaA（org）+ H_2O$$

②萃取：皂化有机相和料液按设定流比混合萃取，将易萃的镍钴锰萃入有机相，得到负载有机相，将难萃的钙镁留在水相中，称为萃余液，完成镍钴锰与钙镁的分离，但此过程依然会有一部分钙镁被萃入有机相。

$$2NaA（org）+ MSO_4 \rightarrow MA_2（org）+ Na_2SO_4$$

式中 M 为 Ni^{2+}、Co^{2+}、Mn^{2+} 等金属，下同。

③洗涤：作用为洗去负载有机相中杂质钙镁，负载有机相中杂质钙镁包括有机相负载的钙镁和有机相中夹带水相的钙镁，洗涤原理为离子交换，即洗涤剂洗下过量的镍钴锰到水相中，水相镍和负载有机的钙镁进行交换，钙镁交换到洗涤液中，负载有机镍钴锰得到纯化。

$$Mg（Ca）A_2（org）+ MSO_4 \rightarrow MA_2（org）+ Mg（Ca）SO_4$$

④反萃：把萃取的金属全部反下来，并达到一定 pH 值，得到硫酸镍钴锰产品，同时有机相得到再生，可以循环使用。

$$MA_2（org）+ H_2SO_4 \rightarrow 2HA（org）+ MSO_4$$

⑤再生：为了防止铁等元素在有机相中积累，需要用更强的酸将其洗下来，原理同洗涤段一样。

$$2FeA_3（org）+ 3H_2SO_4 \rightarrow 6HA（org）+ Fe_2（SO_4）_3$$

3.1.4　格林美

格林美是"资源有限、循环无限"产业理念的提出者与中国城市矿山开采的先行者。在新能源业务方面，格林美三元前驱体占全球市场 15% 以上，已在 2021 年底建成 23 万 t 三元前驱体的总体产能，2025 年总销量规划超过 40 万 t。在动力电池回收利用方面，格林美自 2003 年启动废旧电池与钴镍钨回收业务，是中国从事退役电池回收的领先企业，其中荆门格林美、武汉格林美、无锡格林美等 3 家子公司先后入选《新能源汽车废旧动力蓄电池综合利用行业规范条件》企业名单。2020 年，格林美实施动力电池回收利用业务的垂直整合，成立以"武汉动力电池再生技术有限公司"为产业集团总部，下属无锡动力再生、天津动力再生、荆门动力再生等子公司，年总体规划拆解产能 45 万套 / 年，再生利用能力 10 万 t/ 年。此外，格林美积极构建"2+N+2"废旧电池回收利用体系，与全球 500 家汽车厂和电池厂签署协议建立废旧电池定向回收合作关系。构建出"动力电池回收—梯级利用—资源化回收—材料再造—动力电池包再造"新能源全生命周期价值链体系，实现废旧电池变废为宝。

格林美退役锂电池再生利用工艺主要流程分为破碎分选和金属提纯两部分，其中破碎分选部分主要包括盐水放电、拆解、破碎、热解和分选五个模块，目的在于去除外壳和集流体，获得电极粉，在金属提纯过程中主要采用酸浸、萃取等工艺，最终获得镍钴锰的氢氧化物，详见图 3-4。

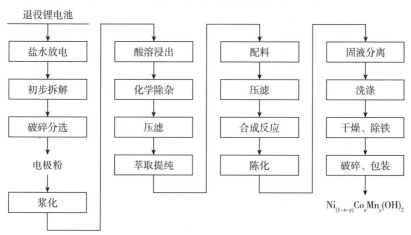

图 3-4　格林美退役锂电池回收工艺流程[3]

在酸溶浸出环节，需将温度控制在一定范围内，在浸出完成后加入氢氧化钠溶液，调节 pH 值，去除铁和铝等杂质，然后压滤，得到的浸出溶液进行萃取提纯，进行逆流萃取后得到纯净的硫酸镍钴锰溶液，并开始进行前驱体生产。此过程主要制备镍钴锰的氢氧化物，反应后的物料需在常压下进行陈化，固液分离设备采用离心机，然后对杂质进行洗涤、干燥，最后通过筛分控制粒度，并进行除铁。

格林美的再生利用路线适用于多种锂电池（包括 NCM、NCA 和 LCO）的回收，通过一套完整的回收工艺，获得纯净的三元电池前驱体，此过程属于目前市场中主流的回收手段。

3.1.5 顺华锂业

湖南顺华锂业有限公司（简称"顺华锂业"），成立于 2016 年 7 月，是一家以退役锂电池安全无害化再生利用为宗旨，坚持高效、绿色、节能环保发展观的科技型中小企业。顺华锂业是退役锂电池"优先提锂"技术的实践者，建成国内最早的千吨级磷酸铁锂废粉选择性浸出生产电池级碳酸锂生产线，目前在汨罗市建设"15 万 t 废旧磷酸铁锂电池及废料再生示范工程"。顺华锂业以报废磷酸铁锂电池正极片边角料为主要原料，主要工艺流程为电芯无氧热解—粉碎—筛分—研磨—筛分—浸出—除杂—沉锂—浓缩—二次沉锂，最终获得电池级碳酸锂、储能级磷酸铁和无水硫酸钠产品，主要生产工艺详见图 3-5。

预处理过程主要将正极片边角料进行粉碎、研磨，采用 80 目和 120 目筛子进行筛分处理，从而获得其中的磷酸铁锂正极废粉。将磷酸铁锂正极废粉进行固液比为 1：3 左右调浆，然后采用浓硫酸＋氧气进行弱酸浸出，酸浸温度约 80℃，浸出 5～7 h 后进行过滤分离，滤渣主要成分为磷酸铁渣，磷酸铁渣经纯化—洗涤后获得储能级磷酸铁。滤液主要成分为 Li_2SO_4，滤液经加碱除杂，经 2 级过滤—精滤获得超纯的含锂溶液，锂溶液加热至 95℃，泵入 320 g/L 的碳酸钠溶液，反应一段时间后过滤分离得到碳酸锂，经洗涤和干燥处理后得到碳酸锂产品。沉锂母液泵入 pH 调节池，进行浓缩结晶至 MVR 蒸发器，结晶后进行干燥得到无水硫酸钠，结晶母液中还有部分锂离子，进行再次沉锂，回收剩余碳酸锂。

顺华锂业的主要回收对象为磷酸铁锂电池，在后处理湿法浸出过程中，由于磷酸铁锂价格较低，顺华锂业也没有采用萃取的方式进行回收和除杂，而是采用弱酸氧化浸出的方式对其中的锂进行回收，回收过程产生的无水硫酸钠作为副产品，工艺过程较为简单，回收得到的碳酸锂纯度较高，能达到电池级，可直接用于电池生产。

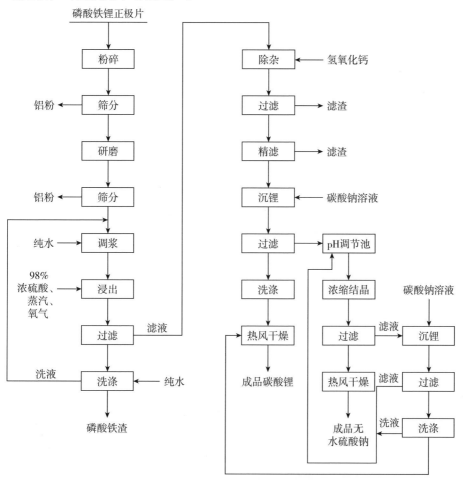

图 3-5　顺华锂业磷酸铁锂电池回收工艺流程[4]

3.1.6　赣州豪鹏

赣州市豪鹏科技有限公司（简称"赣州豪鹏"）是国内早期从事废旧新能源汽车动力电池回收及梯次利用，废旧电池无害化和资源循环利用的高新技术企业之一。可处理 3C 消费类和新能源汽车退役的锂电池、镍氢电池，电池边角料、电池浆料等；主要产品包括钴盐、镍盐、锂盐以及梯次利用系列产品。

以生产钴、镍盐的工艺为例介绍，该工艺原料主要为镍氢电池和锂电池，分为预处理＋湿法冶炼工序，预处理工序为锂电池经放电—焙烧—破碎—磁选—筛分得到电池粉；湿法冶炼工序为电池粉经酸浸—压滤—萃取—结晶得到产品钴、镍、锂盐，主要生产工艺详见图3-6。

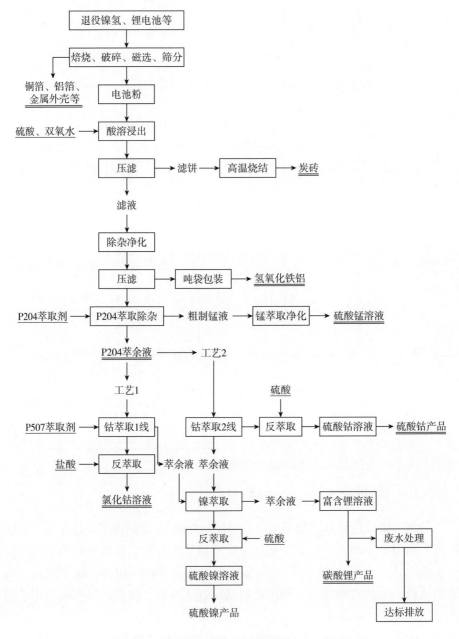

图 3-6　赣州豪鹏退役锂电池回收工艺流程[5]

预处理过程：将拆解放电后的废锂电池置于焙烧炉内，在 350～900℃条件下焙烧 3～6 h；焙烧后的退役电池及废正极材料等，通过立式高速旋转粉碎机粉碎，并采用振动筛过筛，对经过粉碎处理后的废锂电池材料进行磁选分类，分别得到磁性物（铁镍氧化物、镍钴废料）和非磁性物等物料。

湿法冶金过程：镍钴废料首先进入浸出工序，将金属溶解于无机酸中，去除溶液中的铁、铝等杂质金属离子；经压滤、化学净化后，溶液进入萃取工序，先后经 P204 萃取除杂—P507 萃取分离钴和镍等工序，分别得到电池级钴盐和镍盐、锂盐。

赣州豪鹏的退役锂电池回收工艺与国内现有同行业的厂家比，公司选用工艺和设备具有广泛的工艺适应性，适应多种原料；虽同样采用酸浸—萃取的工艺，且萃取阶段同样采用 P204 和 P507 萃取剂，不同的是其应用 P204 和 P507 对不同离子的溶解度不同的特性，通过调节萃取过程的 pH 值，控制萃取的离子不同，最终实现了镍、钴、锂的分别回收。该工艺回收金属化合物纯度高，类别多，但生产的产品分别为钴、镍、锂金属盐，较行业部分企业直接生产钴镍氧化物而言，生产工艺流程长。

3.1.7　浙江天能

浙江天能新材料有限公司（简称"浙江天能"）成立于 2018 年，位于浙江省湖州市，为天能控股集团下属全资子公司，主要经营范围包括废旧锂电池回收处置、梯级利用、锂电新材料研发等。2021 年 12 月获得工信部废旧动力锂电池回收梯次利用、再生利用双白名单认证，同时获批国家高新技术企业、浙江省制造业创新中心。公司开展的"年处理 2.3 万 t 废旧动力锂电池梯级利用及绿色回收利用技术产业化项目"，采用先进的预处理设备、浸出装置和系列萃取装置及蒸发结晶设备，回收钴、镍、锰、锂、铜、铝等金属，生产锂电池材料以实现金属再生。

公司废旧动力锂电池回收工艺包括前端预处理和后端湿法回收工序，其中预处理工艺主要指废电池的自动化拆解、电解液无害化处理及物料快速智能分选回收等过程，详细流程见图 3-7。

有价金属组份湿法回收工艺过程如图 3-8 所示。

锂镍钴锰正负极混合料进入浸出工序，经过浸出处理，过滤得到的负极石墨经洗涤、烘干后作为产品外销，浸出液通过进一步净化后送往萃取工序；在萃取工序，各种金属离子通过萃取剂进行分离高效提取，得到镍、钴、锰的高纯净化液；最后将高纯净化液进行浓缩、结晶（沉淀）、干燥和包装，产出电池级硫酸钴、硫酸镍、硫酸锰和碳酸锂。生产废水经过净化处理循环再利用，最终实现了废水零排放。

上述回收工艺重点突破电池自动化拆解技术、物料快速智能分选技术、电解液无害化处理技术、高值组份协同浸出技术等核心技术，开发包括拆解处理技术装备、金属高效再生装备等在内的车用动力电池回收系统，工艺具有投资少、能耗低、生产成本低和原料适应性强等优点。

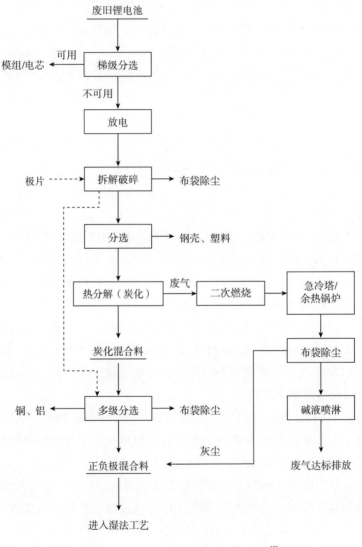

图 3-7　废旧锂电池预处理工艺流程[6]

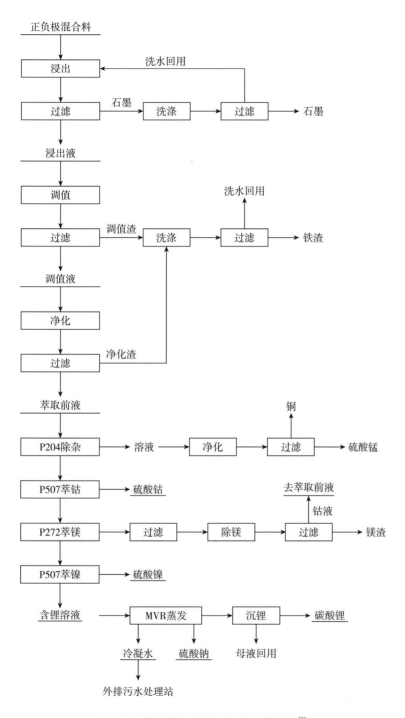

图 3-8 废旧锂电池湿法回收工艺流程 [6]

3.1.8 乾泰技术

深圳深汕特别合作区乾泰技术有限公司（简称"乾泰技术"）成立于2016年，控股股东为深圳高速公路集团股份有限公司。乾泰技术是一家基于汽车后市场全产业链的资源循环再利用，致力于工业危废固废能源化、资源化上下游多方位产业融合的公司，具备报废机动车回收拆解资质，得到工信部发布的符合《新能源汽车废旧动力蓄电池综合利用行业规范条件》的电池梯次利用企业白名单认定。

乾泰技术主要产品包括梯次利用电池制造出的低速车、两轮车电池等产品，报废电芯物理分离产生的铜、铝、黑粉等材料；报废机动车拆解产生的"五大总成"等重点零部件、废钢铁、废铝等废金属。以电池综合利用技术及智能装备开发为基础，乾泰技术已建成具备年拆解报废汽车4万辆的整车柔性拆解线、年拆解能力3万t退役动力电池的柔性智能拆解产线、年产能2万套的梯次利用电池产品PACK智能产线及年拆解能力7200t的报废动力电池物理环保分离产线等。其中，梯次利用电池已形成系列产品，物理环保产线对废黑粉（电池活性材料，铜铝含量小于2%）、铜、铝、钢壳的平均回收率达95%以上。

乾泰技术电池回收拆解线包括扫码、电池包拆解、检测、电池放电和破碎分选五个工艺[7]。

（1）扫码

电池包、模组、电芯的编号都是一一对应的，拆解线设备附带有扫码系统，所有电池包拆解前都要先进行扫码，追踪电芯来源于哪个电池包。扫码完成后系统导出相关数据，人工填写必要信息后上传至工信部动力锂电池溯源管理系统。

（2）电池包拆解

电池包拆包前需检测电压和剩余电量，如果大于30%，则先放电到电池管理系统（BMS）保护电压以下。电池包放电采用放电柜方式，加负压强制放电。电量小于30%的电池包可以采用人工＋机械手臂的方式进行半自动拆解，先将包拆至模组，再拆至电池单体。

电池包的拆解过程主要如下：①拆解串联平台，降低电压；②拆解上盖；③拆线束和传感器；④拆下BMS；⑤拆下模组。拆下模组后，需要扫码记录，并测试模组的电压、内阻和电量；⑥模组拆解为电池单体。拆解成为的电芯也需要扫码记录，并测试电压、内阻和电量。拆解中，除线束采用人工拆除外，其余基本都采用机械手自动完成。两轮车的小包基本是人工拆解的方式，大电池包需要吊装等机械设备。

拆包过程中，操作人员依据电池单体的形状和尺寸，人工将电池分为小圆柱、软包和方壳电池三类，进入破碎前的预处理工艺。

（3）电池单体放电

在进入正式的破碎分选工艺之前，所有电池都需进行检测，测定电流和电压值。18650小圆柱电池单体如果在截止电压以下可以不用放电，直接带电破碎。软包与方形电芯需要放电后破碎。乾泰技术用的放电方式为电子负载放电，所用的放电柜电压规格有300 V、500 V、600 V，电流规格有300 A、500 A。用500 A进行放电，电池放完电需3～5 min。另外一种放电后收集余能再利用的方式，目前的回收成本小于设备投入，经济上不可行。

（4）破碎分选工艺

依据电池形状和尺寸不同，分别进行预处理。小圆柱电池中满足检测标准的，可以不放电直接破碎，不满足标准的，先用放电槽放电再破碎；软包电池采用放电柜放电，人工取镍和铜极耳后破碎；方形电池也是先放电，再切割外壳，人工取下极耳后，进行破碎处理。不同类型的电池切换处理时，需要先开机空运行30 min，将机器内部残留料清理干净。预处理之后的破碎分选工艺完全相同，第一段撕碎工艺都是在氮气保护下进行，整条拆解线在密封负压的条件下进行生产，工艺详细介绍如图3-9所示。

①带电破碎：电池单体在氮气保护的环境下进行带电破碎，通过隔离舱负压抽气，置换出所有氧气，完成连续进料，随后撕碎机将电池撕碎成片状物，过程中产生的黑粉，通过集成系统吸收入存料仓，此时的物料带有大量的电解液，通过低温烘焙的方式除去电解液，烘焙温度不超过200℃，促使电解质和碳酸酯等有机溶剂挥发，除去电解液。

②电解液处理：破碎过程中产生的物料粉尘以及挥发出的电解液气体先通过冷凝装置，进行三段低温冷凝。第一段利用常温循环水，使电解液及粉尘混合物从200℃冷凝到40℃；第二段是有机气体的冷凝，从40℃冷却到15℃；第三段从15℃冷却到-5℃。通过三段冷凝，95%混合物冷凝成液体。剩余的气体通过一级、二级洗淋塔，除去氟、磷和粉尘，再经干燥后，用40J的光源进行光解，有机物光解成二氧化碳和水，活性炭吸附杂质和异味后，直接外排入空气中。

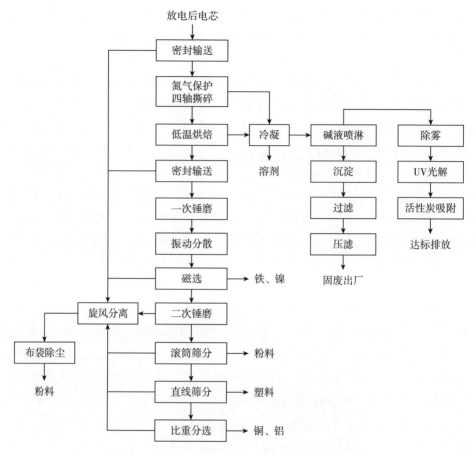

图 3-9 乾泰技术退役锂电池拆解回收工艺流程[7]

③金属、隔膜等物质的回收：电解液挥发后的物料先经过一次锤磨，然后磁选，除去 98% ~ 99% 的铁镍和金属外壳。剩余物料进行二段锤磨，使极片表面的粉料脱落，然后通过组合风选使得粉料和隔膜分层，再用圆筒筛分选出粉料和隔膜。

④制粉和铜铝分离：圆筒筛分可以获得 65% ~ 70% 的黑粉，铜、铝杂质含量 < 2%，另外整段破碎分选工序均有集尘系统收集粉料，能够获得 30% 左右的黑粉，粉料总体回收率在 > 95%。回收粉料和隔膜后的物质，通过比重分选加风选的办法分离铜铝集流体。

⑤粉料预处理：所有粉料统一通过回转窑高温处理除去粘结剂和残留电解液，产生的废气接入电解液处理系统，处理后的黑粉统一收集至粉料吨袋，留待后续的湿法冶金。

乾泰技术电池回收拆解线具有以下特点：

①作业安全：电池包（模组）搬运、高电压拆解部分均采用机械手臂完成，且电池破碎过程采用氮气保护，避免起火爆燃的危险。

②节能环保：破碎过程采用低温烘烤工艺，降低能耗和废气处理成本；破碎分选过程均在密闭产线中进行，避免了废气和粉尘的无组织排放。

③数据可溯源：整个拆解过程中电池包→模组→模块→电芯均采用扫码并录入 MES 系统跟踪管理，同时按工信部溯源管理要求将退役电池包（模组）及其对应的梯次产品信息上传至工信部动力电池溯源管理平台。

④处理效率较低：切换型号所需时间较长，机械手作业程序有待优化、作业效率有待提高；铜、铝分离效果有待提高。

3.2　欧洲

3.2.1　Umicore

Umicore（优美科）是欧洲最大的锂电池回收公司之一，其中，比利时的霍博肯是容量为 7000 t 的电池回收工厂。Umicore 独立开发了独特的火法冶金及最先进的湿法冶金工艺—ValéasTM 工艺，能够回收所有类型和所有尺寸的锂电池（LFP，NCM 和 LCO）和镍氢电池。其工艺示意图如图 3-10 所示。

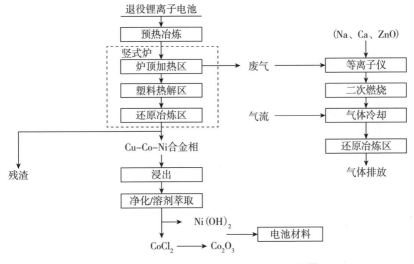

图 3-10　Umicore ValéasTM 流程示意[8]

火法冶金步骤采用 Umicore 独特的 Ultra high temperature（UHT）技术。它被设计用于安全处理大量不同类型的含复杂金属的废物流，具有以下优点：

①与现有工艺和直接销售产品的产量相比，金属回收率更高。

②电池直接馈电，无需任何潜在的危险预处理。

③气体净化系统，确保所有有机化合物完全分解，不会产生有害的二噁英或挥发性有机化合物（VOC），氟被安全地捕获在烟道灰尘中。

④利用电池组件（电解液、塑料、金属）内部的能量，将能源消耗和二氧化碳排放降至最低。

⑤产生的废物接近于零。

ValéasTM 流程可分为以下三个步骤：

①将电池、焦炭、还原剂（Al 和 Zn）、成渣剂混合后送入竖炉，预热至 300℃，电解液在此缓慢蒸发，降低爆炸风险。然后将物料转移到塑料热解区，升温至 700℃使塑料熔化，将粘合剂分解成蒸发物。热解气体和电解液蒸汽在高氧环境中燃烧。添加钙盐和钠盐以捕获卤化物，防止二噁英和呋喃的形成。

②预热后的富氧气流通过风口喷入炉底，与剩余原料发生反应。它们在熔炉底部的熔炼区进行还原和熔炼，温度控制为 1200 ~ 1450℃。Li 进入由 Al、Si 组成的炉渣，Cu、Co、Ni、Fe 进入合金相。合金相将进一步采用湿法冶金法提取金属。

③湿法冶炼，精炼过程的第一阶段是将含有 Co，Ni，Cu 和 Fe 的合金溶解在硫酸中。通过添加 SO_2 去除 Cu，产生 CuS 和 Cu_2S 沉淀，采用溶剂萃取法对 Co 和 Ni 进行萃取分离。将分离出的含镍溶液加入 NaOH 提高 pH，得到固体 $Ni(OH)_2$ 沉淀，进一步加工成新型电池材料。含钴有机相用浓盐酸溶液反萃取后，注入煅烧炉，在高温下与氧反应生成 Co_2O_3。

ValéasTM 工艺优势主要包括：

①原料适应性广，系统处理能力大。

②避免复杂的机械拆解和物理分拣，实现不同类型锂电池的混合处理。

③充分利用铝壳、石墨碳、塑料等材料的还原性和能量，实现有毒 / 有害物质的集中无害化处理，产生环境友好型固体废物。

3.2.2　Accurec

Accurec 工艺是由德国 Accurec Recycling GmbH® 公司开发的。Accurec

于 1995 年在德国西部鲁尔河畔米尔海姆成立，最初回收的目标电池是镍镉以及镍氢电池。随着公司的发展，Accurec 现在已将业务扩展到锂电池回收。公司于 2016 年在克雷费尔德开设新厂，设计年处理退役锂离子电池为 6 万 t，经过几年的发展建设，工厂已初具规模。2021 年 Accurec 已处理退役锂电池 3000 t，公司回收工艺主要涉及拆解、真空热解、机械分离等前端预处理工序，后端火法冶金和湿法冶金过程由下游企业配合完成，整体回收技术路线见图 3-11。

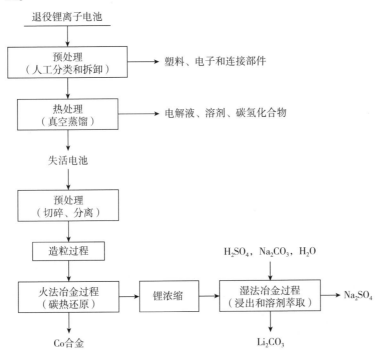

图 3-11　Accurec 退役锂电池回收工艺流程[9]

　　该工艺流程从人工分拣、清洗和拆卸到电池层开始，塑料、电子和连接部件被分离。将拆卸后的电池送真空热处理，去除电解液、溶剂和碳氢化合物，温度严格控制在 600℃ 以下。除去有机成分后，将失活电池运输进行一系列机械处理，例如：磨粉粉碎，将电池粉碎成小块，振动筛分选箔和粉，磁选机分选铁。从尺寸较小的正负极粉中分离出尺寸较大的铁、铝、铜箔。正负极极粉在粘结剂的作用下进入造粒过程，由此得到的电池粉料进入下游企业的火法冶金和湿法冶金过程。火法热解过程一般是在 800℃ 的回转窑中进行，钴合金通过碳热还原反应生成，而锂则被浓缩并进入渣相。最后，采用湿法冶金法处理含锂渣，通过酸浸出、溶剂萃取，锂最终沉淀为 Li_2CO_3 产品。

3.2.3 TES（Recupyl）

Recupyl 公司位于法国格勒诺布尔，是一家专门从事废电池回收处理的国际化公司。2018 年，作为"世界上最大的电子垃圾回收商"，新加坡 TES 公司宣布将 Recupyl 收购，加速扩大了 TES 在电池回收领域的市场业务。Recupyl 回收工艺采用低温、低能耗的纯湿法冶金过程，在磁选分离出铜和铝之后，采用化学处理工艺回收锂和钴，详细工艺流程如图 3-12 所示。

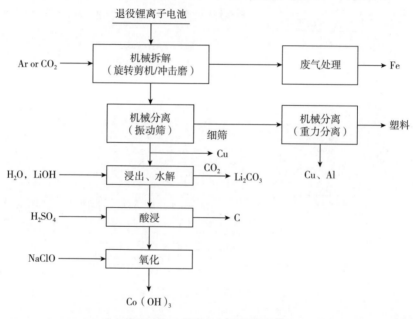

图 3-12　Recupyl 工艺流程[9]

首先，在 CO_2 和 Ar 混合惰性气体环境中，用低速旋转剪机将退役锂电池粉碎。当有充电电池时，这种环境下可以确保安全。粉碎后的零件在磨机的冲击下被进一步分解成小于 3mm 的颗粒。机械拆卸过程中产生的废气将被进一步处理后排放到空气中。粉碎的零件在振动筛的帮助下被分离出来。过大的颗粒经过磁选机去除亚铁，剩余的颗粒被输送到重选机，在重选机上分离高密度的 Cu/Al 和低密度的塑料。粒径过小的颗粒将通过开孔尺寸更细的筛（500 μm），将残余 Cu 颗粒去除，剩余部分主要是活性电极材料，被送往后续的湿法冶金工序。

将活性电极材料首先与水混合，加入 LiOH 盐将 pH 调至 12，电解反应产生 H_2。锂溶解在水溶液中，石墨浮在液体表面，过滤即可将二者分离。通过向溶液中注入 CO_2 气体，锂析出为 Li_2CO_3。剩余未溶解组分在 80℃下用 H_2SO_4 浸出，过滤碳粉。最后，在溶液中加入 NaClO 将 Co^{2+} 氧化为 Co^{3+}，沉淀为 $Co(OH)_3$。

3.2.4　BHS

BHS-Sonthofen GmbH（以下简称"BHS"）公司，成立于 1607 年，总部位于德国 Sonthofen 市，为全球环境产业提供高质量的工艺流程设计、装备系统与配套以及工程测试服务。BHS 公司的锂电池回收处置技术起始于 2012 年（LithoRec，德国环境部资助项目），且根据市场变化不断进行新工艺研发与技术升级，主要业务是提供电池回收预处理整套系统装备，目前已与瑞典电池企业、德国汽车企业和化工企业及中国电池回收企业开展业务合作。作为"中国动力电池回收与梯次利用联盟"理事单位之一，BHS 也与上海第二工业大学电子废弃物资源化协同创新中心保持长期的产学研合作。

BHS 电池回收预处理工艺流程如图 3-13 所示。

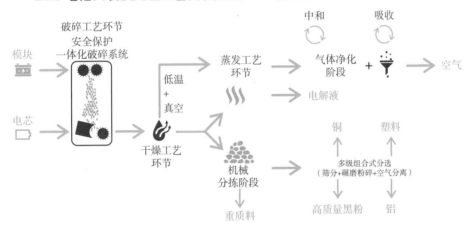

图 3-13　BHS 电池回收预处理工艺流程

（1）破碎工艺环节——安全保护一体化破碎

待处理的电池物料通过输送系统进入破碎机前端的密封舱。在传感器安全监测惰性环境满足要求后进入破碎机破碎舱。破碎系统为安全保护气密式一体化破碎机，依据进料状态不同，可以分为双级破碎（电池模组）或单级破碎（电池单体）。BHS 设计的切割破碎刀具，使得本工艺环节的物料出料被有效地"解体、展开与释放",为下游工艺环节奠定精细处理的基础。

（2）干燥工艺环节——低温真空干燥

经过破碎的电池碎料进入真空干燥器,旋转的搅拌轴使其不断移动且与干燥元件（筒壁、前后端板、轴和旋转臂＋搅拌铲）直接接触。旋转臂和搅拌铲的形状和角度确保了物料和侧壁之间的最佳热交换。干燥器内壁与外壁之间的夹层为导热介质（通常使用热油或蒸汽）。沿着受热表面的不断循环促使液态料稳定排出,并产生均匀的温度。蒸汽通过 BHS 特制的蒸汽过滤系统被除去。可配置单独驱动的旋转切刀避免物料结块,进而保证了细粒度的材料一致性。电解液通过干燥器蒸发,经由后端的两级冷凝器被回收,额外产生的废气进入废气处理工艺环节。

真空低温干燥具有如下优势:①过程能耗更低,时间更短,碳足迹更小,极大地限制有毒烟雾 HF 的生成;②避免氧化作用产生杂质,无热分解,干燥后的物料,其物理化学和生物性质基本不变;③回收过程中的残留物不会产生火法冶炼过程中的炉渣沉积。

（3）废气处理工艺环节——中和吸附

步骤（1）和（2）环节产生的废气,在气体洗涤器中进行洗气（中和反应）。其洗涤介质为氢氧化钾溶液。洗气后气体进入活性炭吸附,进而去除 VOC 以满足排放标准（TA Luft,德国大气污染物排放标准）。

（4）分选工艺环节——多级组合式分选

干燥后的物料进入分选环节。首选被圆摆振动筛分为粒径 1、粒径 2 与粒径 A（尺寸由小到大）,粒径 1 物料与粒径 2 物料为黑粉（可以依据精细状态和纯度要求并为一路）;粒径 A 物料为大颗粒混合物,进入折线型筛分机;经过折线型筛分机,其中的重质物料（如:模组框架或电芯壳体等）被去除（这些物料根据需要可以独立配置磁选及涡电流分选,进行铁、铜、铝等的处理回收）,余下轻质物料进入细碾粉碎,进行黑粉、铜、铝及塑料的分选处理。

细碾粉碎使得物料被进一步减小粒径,同时形态变为颗粒状。这是由于密度重力分选的原理对于立体形态的物料分选效率最高;另外金属颗粒被圆磨,使得黑粉进一步与极片脱落,提高其回收率;经过细碾粉碎的物料进入二级圆摆振动筛,被分为粒径 1、粒径 2、粒径 3、粒径 4 与粒径 5（尺寸由小到大）。粒径 1 物料作为黑粉被提取,粒径 2～5 物料分别经过独立的空气台分选机。由于同一粒径不同种类物料的密度不同,每一组分选台均独立分选出不同粒径的铜颗粒、铝颗粒与塑料。

BHS 开发的预处理工艺及装备适用于 NCM 和 LFP 电池模组及电芯，整套设备统一设计和生产制造（除螺旋等输送装置），有效降低多资源配制的风险。

3.3 北美

据公开媒体报告，北美较早成立的电池回收公司主要有 Inmetco 和 Retriev（原名 Toxco），Inmetco 主要使通过协同冶炼回收铜、镍、钴等有价金属，Retriev 主要是进行提锂。近两年，新加入锂电池回收领域的新公司主要有 Li-Cycle、Redwood、Battery recycle 等。

3.3.1 Li-Cycle

Li-Cycle 于 2021 年在纽约证券交易所上市，先后从 Koch Industries 和 LG 分别获得一亿和五千万美元的战略投资并签下合作协议。作为北美最大的锂电池回收商，Li-Cycle 声称其专有的"Spoke & Hub"回收工艺，对有价材料的回收率高达 95%。该公司目前正与通用汽车、戴姆勒奔驰、现代、LG 等主要电动汽车和动力电池公司合作，并继续在北美、欧洲和亚太地区扩张。预计到 2025 年，其专有工艺电池回收处理年产能将分别达到 6.5 万 t 和 9 万 t。

"Spoke"工艺主要是处理电池生产废料和报废电池，生产出黑粉和其他中间产品。它可以接受各种类型的锂电池，处理时电池无须放电、无需加热且无需分离不同电池组分。采用特有的液态破碎专利技术，实现了最低的废水排放和零废气排放，最大限度地提高了回收率。

"Hub"工艺则是实现对黑粉的回收利用，生产出多种化学材料，其详细流程如图 3-14 所示，主要产品包括但不限于电池级碳酸锂、硫酸钴和硫酸镍，以及工业级碳酸锰、硫化铜、硫酸钠和石膏等。

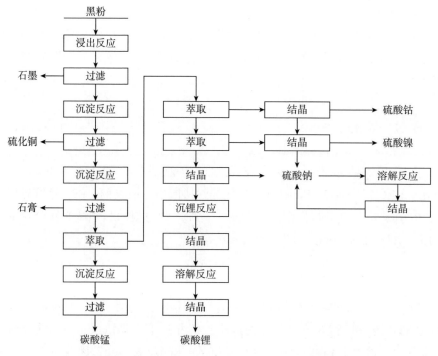

图 3-14 Li-Cycle 公司"Hub"回收工艺流程

3.3.2 Inmetco

Inmetco 位于美国埃尔伍德市，是一家国际金属回收公司。作为美国钢铁行业领先的环境服务提供商，Inmetco 由加拿大 INCO 公司在 20 世纪 70 年代投资成立，主要业务是采用转炉处理不锈钢厂废料，通过"直接还原铁"（DRI）工艺生产钢铁，并回收 Ni、Cr 等有价金属。最初的工艺设计并非专门处理退役锂电池，因锂电池中含有的 Co、Ni 和铁等可用于铁基合金的生产，因此使用工厂的转炉处理退役锂电池，其回收工艺流程详见图 3-15。

收集到的退役锂电池先经拆解和

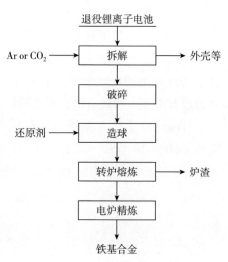

图 3-15 Inmetco 公司的退役锂电池处理工艺流程[10]

破碎两段物理法预处理后，配入碳基还原剂，经充分混合均匀后造球。再通过输送机送入转炉，在转炉内经 1260℃ 高温进行还原熔炼，物料停留时间约 20 min。经还原熔炼工序，将电池中 Ni、Co、Mn 等氧化物还原成金属态，进入合金相，锂进入渣相。熔炼渣作为建材用骨料出售，合金相进入电炉继续精炼，经精炼后，产出含 Ni、Co、Cr、Mn 的铁基合金。

此工艺属于协同冶炼，经退役电池作为原料之一配入原先主工艺系统。经处理后，电池中含有的 Li、Al 等进入渣相，无法回收，Ni、Co、Mn、Cu 进入产品，以铁基合金的形式回收。

3.3.3　Retriev

Retriev Technologies（原 Toxco, Inc.）总部位于俄亥俄州兰开斯特，是北美较早进入电池回收行业的公司。在电池回收和管理方面拥有超过 25 年的经验，已成为世界上最多样化的电池回收公司之一，能够回收所有类型的电池和电池化学物质。Retriev 主要回收工艺是进行优先提锂，其他有价金属外售给专业公司处理，其详细流程如图 3-16 所示。

现手工将电池组拆解至单体电池，再对单体电池进行液氮冷冻，约冷却至 -198 ~ -175℃，在此温度下，电池

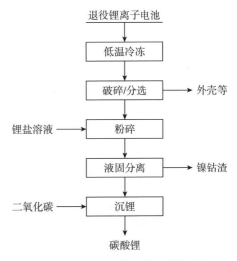

图 3-16　Retriev 公司的退役锂电池处理工艺流程[11]

不存在爆炸风险。此外，低温使电池的塑料外壳变脆，更加容易破碎和分选。放电后的电池可以直接进入破碎环节。经脱壳的电池进入湿式粉碎机，溶液介质选用锂盐溶液。在粉碎过程中，锂盐溶液将电解液中和，锂在粉碎过程中得到溶解，并且防止了气体外排。经液固分离，得到的含锂溶液进行净化得到 LiOH 溶液，再通过添加 CO_2 进行碳化转为 Li_2CO_3。含 Ni、Co 等有价金属的渣卖给下游冶炼厂处理。

Retriev 公司采用低温球磨 – 湿法的工艺对三元锂电池进行回收，低温破碎可以很好地解决电池破碎过程中的起火现象，同时可以提高破碎效率，在粉碎过程中锂盐可以中和电解液，并溶解锂，在实现锂和镍钴等金属分离的

同时减少污染，沉锂阶段采用了经济环保的 CO_2 作为沉锂剂；但低温破碎需在 $-198℃\sim-175℃$ 进行，这无疑会增加设备的设计难度，同时长期保持如此低的温度所需要的能量也是非常大的，其次采用了非常短的流程进行退役电池的回收，其回收效率和精度也难以保证。

参考文献

［1］湖南邦普循环科技有限公司.废旧动力电池循环利用产业化项目环境影响报告书 [R/OL].（2015-05-07）. [2021-10-15]. http://sthjt.hunan.gov.cn/uploadfiles/201505/20150507102520134.pdf.

［2］衢州华友资源再生科技有限公司.废旧电池资源化绿色循环利用项目环境影响报告书 [EB/OL].（2017-09-20）. [2021-10-15]. https://jz.docin.com/p-2019601624.html.

［3］荆门格林美新材料有限公司.废旧锂电池及极片废料综合处理项目环境影响报告书 [EB/OL].（2019-11-05）. [2021-10-15]. https://max.book118.com/html/2019/1023/7153142050002065.shtm.

［4］湖南顺华锂业有限公司.年产 5000 吨碳酸锂变更项目环境影响报告书 [R/OL].（2020-04-13）. [2021-10-15]. https://max.book118.com/html/2021/ 0124/7056121012003046.pdf.

［5］赣州市豪鹏科技有限公司.50000 t/a 锂电池综合回收利用项目环境影响报告书 [R]. 2018. [2021-10-15].

［6］浙江天能新材料有限公司.年处理 2.3 万吨废旧动力锂电池梯级利用及绿色回收利用技术产业化项目环境影响报告书 [EB/OL].（2018-10-22）. [2021-10-15]. http://huzcx. zjzwfw.gov.cn/art/2018/10/22/art_1460380_1352.html.

［7］深圳乾泰能源再生技术有限公司.报废新能源汽车、退役动力电池智能拆解及循环利用技术 [EB/OL].（2018-07-26）. [2021-10-15]. https://max.book118.com/html/2019/1202/6010114131002130.shtm.

［8］Umicore. Battery recycling[EB/OL]. [2021-10-15]. https://csm.umicore.com/en/battery-recycling/our-recycling-process/.html.

［9］Velázquez-Martínez O, Valio J, Santasalo-Aarnio A, et al. A critical review of lithium-ion battery recycling processes from a circular economy perspective[J]. Batteries, 2019, 5(4): 68.

［10］Immetco[EB/OL]. [2021-10-15]. https://azr.com/about/inmetco.html.

［11］Retriev[EB/OL]. [2021-10-15]. https://www.retrievtech.com/company.html.

第四章　动力锂电池生命周期现状分析及回收对其影响

动力锂电池在道路交通电气化进程中扮演着重要角色，是实现全球碳中和不可或缺的关键。然而其自身生产制造却是一个高能耗高碳排的过程，电池材料的生产贡献了其中绝大部分的碳排放。通过高效回收动力锂电池，实现关键金属材料再生，是降低电池材料碳足迹最有效的手段。本章从全生命周期分析出发，比较了火法＋湿法、全湿法以及直接修复电池回收流程的碳排放，并提出基于全生命周期碳排放分析的最佳动力锂电池回收技术展望。

4.1　动力锂电池制造工艺的生命周期分析

4.1.1　生命周期评估框架介绍

生命周期评价（Life-cycle assessment，LCA）并不是一个流行词，它最早出现在 20 世纪末，当时被命名为资源与环境剖面分析（resource and environment profile analysis，REPA）。可口可乐公司在 1969 年进行了一项研究，以量化不同饮料包装瓶所使用的原材料和燃料，以及其生产制造过程对环境的影响。研究结果甚至直接导致可口可乐公司将他们的饮料包装从主流的玻璃瓶换成当下市场更为常见的塑料瓶，因为它们对整体环境的影响较小。可口可乐的故事是第一个广为人知的成功商业案例，被视为 LCA 发展的里程碑。此后，尽管在很长的时间里并没有统一的 LCA 标准，越来越多的公司也开始模仿可口可乐以类似的方式分析其产品的环境影响。LCA 的概念最早是由国际环境毒理学和化学学会（SETAC）在 1991 年的一次国际生命周期评估研讨会上提出的，并于 1993 年先后发表了纲领性报告《生命周期评估（LCA）大纲：A Practical Guide》，其中提供了 LCA 方法的基本技术框架。最终，在 1997 年，国际标准化组织（ISO）正式发布了 ISO14040 标准：环境管理—生命周期评估—原则和框架，即当今国际上最广泛使用的主流 LCA 框架。从那时起，各种侧重于产品特定足迹类别的标准（例如，ISO 14046—环境管理—水足迹和 ISO 14067—温室气体—产品的碳足迹—量化要求和指南）和特定产品类别标准（产品环境足迹类别规则—PEFCR）相继发展起来。

　　LCA 是对产品系统的生命周期中输入、输出及其潜在环境影响的评估，主要包括四个阶段：调查目标和范围、生命周期清单分析（LCI）、生命周期影响评估（LCIA）、生命周期解释，如图 4-1 所示。

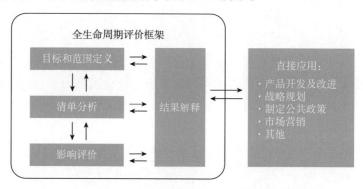

图 4-1　生命周期评价的主要过程[1]

（1）目标和范围

　　作为实施生命周期评估的第一步，目标决定了整个 LCA 研究的方向。具体包括：成果的预期应用、开展研究的原因及背景、成果的交付对象等。明确范围是指识别和详细规定 LCA 的研究对象，即所要分析的产品和其他系统。包括：产品系统及功能、功能单元、基准流；系统边界的要求，包括完整性要求以及取舍准则；数据信息的类别、来源；LCI 数据质量要求；LCIA 覆盖的环境影响类型等。

（2）清单分析（LCI）

　　本阶段的主要工作包括数据收集及系统模拟工作，收集系统边界内每个单元过程的定性定量数据，包括：过程输入输出流、输入输出因子、数据计算以及相应的数据来源及质量描述等。本阶段须注意的是所有数据须与单元过程和功能单位关联，所有单元过程的输入输出流都应与基准流相关联，系统的所有输入输出数据都以功能单位为基准。LCI 的结果是后续 LCIA 阶段的输入，是数据收集的主要工作阶段。

（3）影响评估（LCIA）

　　LCIA 是基于功能单位对不同环境影响类型计算指标结果的生命周期影响

评估，将 LCI 中的基准流输入输出转化为与人类健康、自然环境、资源消耗相关的影响指标。评估流程首先是将基本流划分到不同的环境影响类型，将各个清单数据乘以特征化因子得到 LCIA 结果。然后是归一化过程，将 LCIA 结果除以总的基准清单得到无量纲的 LCIA 结果，最后再加权汇总。这种归一化不仅可以直接比较不同对象造成的环境影响，还可以比较基于区域的参考值的不同影响潜力。

（4）结果解释

本阶段主要是对生命周期的解释，包括对识别主要问题的分析、结果的完整性、敏感性和一致性的检查，最后给出项目的结论和改进建议。

LCA 可以帮助选择环境影响更小的产品或过程，可以识别环境影响从一种介质向另一种介质的转化、从一个生命周期阶段转移到另一个生命周期阶段，从一种物质转化为另一种物质，从一个国家转移到另一个国家等，让决策者能够全面系统地研究整个产品系统。

4.1.2 动力锂电池制造过程中的碳足迹和能源消耗分析

道路交通是全球温室气体（GHG）排放的主要贡献者之一，占 2019 年温室气体排放总量的 16%[2]。绝大多数国家已经达成共识，走向电气化是减少交通运输领域温室气体排放最有效也是目前最好的方式。2021 年，意大利、法国、西班牙、挪威、英国、瑞典等多个国家和多家世界知名汽车主机厂，如长安、北汽、捷豹、福特、大众、沃尔沃等已经纷纷宣布了其禁止销售燃油汽车的明确时间表。道路交通领域正在经历颠覆性的变革，纯电动和插电混动等新能源汽车正在迅速占领市场份额。根据 EV-volumes 的最新数据，全球电动汽车的市场份额已从 2020 年的 4.2% 跃升至 2021 年的 8.3%，总销量达到了 675 万辆[3]。

锂电池因为其高能量密度和高充放电效率，已成为目前电动汽车所使用的主导电池技术[4]。电动汽车动力电池的典型生命周期包括采矿、精炼、正极材料生产、电池制造、电池使用和寿命结束阶段，如图 4-2 所示。

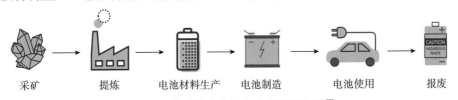

| 采矿 | 提炼 | 电池材料生产 | 电池制造 | 电池使用 | 报废 |

图 4-2 电动汽车电池全生命周期流程[5]

尽管由于电网固有的高碳排内在属性，目前使用阶段贡献了大部分碳排放，但包括前端采矿、精炼和电池材料生产过程在内的电池生产也产生了大量的碳排放。根据沃尔沃的研究，生产 XC40 电动汽车（包括电池生产）的碳排放量比 XC40 燃油汽车多出约 70%[6]。随着用于充电的可再生能源电力份额的增加，使用阶段的碳排放将逐渐减少，因此前端生产过程中的脱碳将变得更加重要。

电动汽车动力锂电池的全生命周期环境影响已被众多研究者广泛研究 [7-12]，其中一些研究甚至可以追溯到 2010 年代初，当时电动汽车还处于起步阶段。一般情况下，LCA 的研究涉及不同的环境影响类别，如全球变暖、酸化、臭氧损耗、光化学烟雾、富营养化等，考虑当下的气候背景，本章重点分析全球变暖潜值（GWP）和累积能源消耗（CES）。另外，由于目前全球电动车市场的装机电池基本被 NCM，NCA 和 LFP 所垄断，因此本章也仅针对这三种电池化学进行碳足迹对比和分析。

4.1.2.1 碳足迹分析

尽管每项研究可能有所不同，但正极材料生产过程（以 NCM811 为例）和锂电池的制造过程通常由相似的主要步骤组成，分别如图 4-3 和图 4-4 所示。

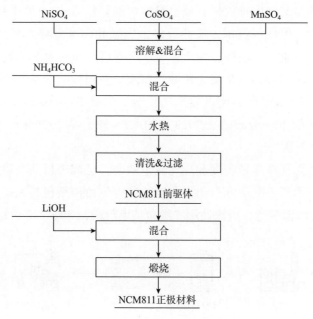

图 4-3　NCM811 电池正极材料生产过程[11]

混浆　　涂布　　干燥　　溶剂回收

叠片　　真空干燥　　切割　　辊压

焊接　　注液封装　　形成　　老化

预充电　　活化循环　　老化　　重新封装

搁置　　放气　　放气

图 4-4　锂电池生产过程[12]

电动汽车动力电池的碳足迹通常以 1 kWh 电池容量为计算功能单元，用 $kgCO_2$-eq/kWh 表示，其特征值很大程度上取决于电池的化学成分和电池生产制造所在地区，如表 4-1 所示。

表 4-1　电动汽车动力电池碳足迹（基于 kg CO_2-eq/kWh 电池容量[13]）

	欧洲	美国	中国	南韩	日本
NCM111-C	56	60	77	69	73
NCM622-C	54	57	69	64	68
NCM811-C	53	55	68	63	67
NCA-C	57	59	72	67	70
LFP-C	34~39	37~42	51~56	46~50	50~55

一般来说，无论电池化学成分如何，电动汽车电池的碳足迹在欧洲都是最低的，其次是美国，主要是因为它们更加"绿色"的电网。LFP 电池的碳足迹低于 NCM 和 NCA 电池，尽管其能量密度通常较小，这是因为 NCM 正极材料及其前端金属盐产生的过程通常具有更高的碳排放。图 4-5 以 NCM 动力电池为例，展示了来自不同电池组件的碳排放典型贡献。

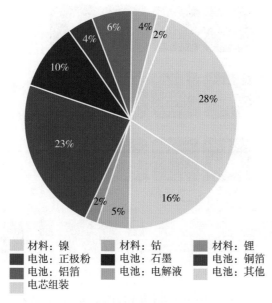

图 4-5　动力电池各组分碳足迹分析[14]

4.1.2.2　能耗分析

产品的生产制造过程是能源消耗不断积累的一个过程。将产品不断进行逆向拆分，最终可以追溯到最初地球上的原生矿石 / 材料以及其在之后生产加工过程中的能源消耗。因此，产品的碳足迹往往和其生产制造过程中所使用的能耗呈现正相关。

美国阿贡实验室 Dai.Q 等研究人员[14]分析了 1 kWh NCM111 电池材料以及电池生产环节的电力和燃料消耗，如图 4-6 所示。正如上文所提到的，三元正极材料，电芯生产以及铝的能耗偏高，是碳足迹的主要贡献环节（图 4-5）。

因此，对一个特定的产品，如果使用相同的生产工艺流程，最终影响该产品碳足迹的因素往往是其原材料加工和产品加工过程中所涉及的能源结构。

JOANNEUM 研究所的 Martin. B[15]对比了 50 kWh 的 NCM、NCA 和 LFP 电池包，在每 kWh 电池 55 ～ 65 kWh 的同等生产能耗下，假设 50% 的天然气和 50% 的电力消耗，在中国和欧洲进行电芯生产和电池包组装的碳足迹对比，如图 4-7 所示。

从图中可以很清晰的看出，无论对于哪种电池化学，在欧洲生产的电芯和组装的电池包其碳足迹只有我国的 2/3。其主要原因就是我国和欧洲的电网结构存在很大的差异，我国 2020 年的电网主要是由火电（67.6%）和水电

（17.8%）构成，碳排放因子较高，而欧洲的电网主要是由更高比例的清洁能源，如核能（25.2%）、风光（14.4%）和生物质（5%）组成，其火电的比例只有 21.5%，因而碳排放因子较低。

因此，要降低动力锂电池的碳足迹，其中关键的因素就是要降低其全生命周期内生产的能耗，并尽可能地采用更绿色低碳的电力。

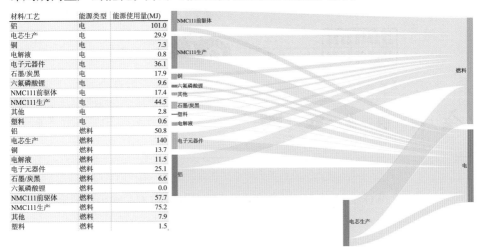

材料/工艺	能源类型	能源使用量（MJ）
铝	电	101.0
电芯生产	电	29.9
铜	电	7.3
电解液	电	0.8
电子元器件	电	36.1
石墨/炭黑	电	17.9
六氟磷酸锂	电	9.6
NMC111前驱体	电	17.4
NMC111生产	电	44.5
其他	电	2.8
塑料	电	0.6
铝	燃料	50.8
电芯生产	燃料	140
铜	燃料	13.7
电解液	燃料	11.5
电子元器件	燃料	25.1
石墨/炭黑	燃料	6.6
六氟磷酸锂	燃料	0.0
NMC111前驱体	燃料	57.7
NMC111生产	燃料	75.2
其他	燃料	7.9
塑料	燃料	1.5

图 4-6　1 kWh NCM111 电芯材料和生产过程中的能耗[14]

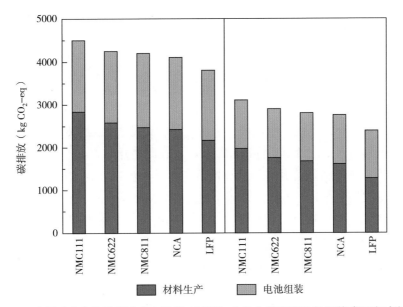

图 4-7　中国（左）和欧洲（右）进行 50 kWh 电芯生产和电池包组装碳足迹对比[15]

随着动力电池产能的快速增长，将产生大量的碳排放。以 80 kg CO_2-

eq/kWh 作为全球从摇篮到大门的电池生产碳排放的平均值，假设 2025 年全球电池产能达到 1 TWh 进行计算，这些电池的生产将产生 8000 万 t CO_2-eq，约为全球温室气体排放量的 0.25%（以 2020 年数据为参考）。将废旧电池回收为电池原材料重新投入新一轮的电池生产，被认为具有减少碳排放的巨大潜力，如图 4-8 所示。

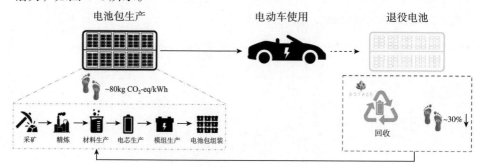

图 4-8　电池回收在动力电池全生命周期碳足迹中的作用

以下 4.2 节详细讨论了不同动力电池回收技术的 LCA 碳足迹研究。

4.2　不同动力锂电池回收过程的碳足迹

本节将工业生产中常用的火法回收工艺和湿法回收工艺对动力锂电池碳足迹的影响进行了对比和分析。

4.2.1　火法冶金 + 湿法冶金法

火法冶金因为其流程短，对来料的适应性强，被广泛用于金属冶炼和金属回收领域。在锂电池回收领域，火法过程的典型代表是比利时优美科公司，其工艺流程已在第三章节里详细介绍，故不在此展开。

尽管火法流程有着其得天独厚的优势，其高温高能耗的属性，在气候问题被广泛关注的今日，也被越来越多地提及。Mohammad Ali[16] 等研究人员就在其最新发表的文章里详细对比了三种火法冶金 + 湿法冶金方法处理退役动力锂电池过程对环境的影响，尤其是碳足迹的影响。其火法 + 湿法工艺流程图以及相应的碳足迹分析结果，分别如图 4-9 和图 4-10 所示。

其研究结果表明，除了采用预处理 + 等离子熔炼的方法外，其余火法 + 湿法的工艺过程均会造成额外的碳排放，而主要的原因就是来自高能耗的火法过程。

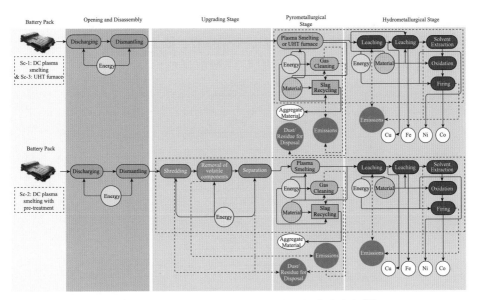

图 4-9　三种火法 + 湿法处理退役动力锂电池流程 [16]

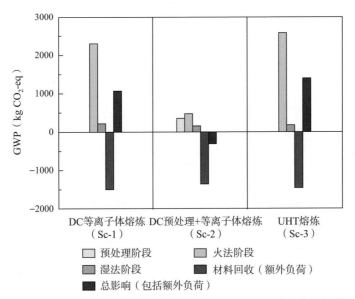

图 4-10　三种火法 + 湿法处理退役动力锂电池过程碳足迹分析 [16]

4.2.2　机械预处理 + 全湿法冶金

与高温火法冶金不同，低温湿法冶金法在世界范围内的应用更为广泛，尤其是在中国。它通常由两个主要过程组成，即机械预处理过程和湿法冶金过程。机械预处理的主要目的是将电池组拆解成单个电池芯，然后将电池进一步分解成不同的组件，例如外壳、铜铝颗粒、隔膜和电池黑粉（正极和负极活性材料的混合物），该过程如图 4-11 所示。

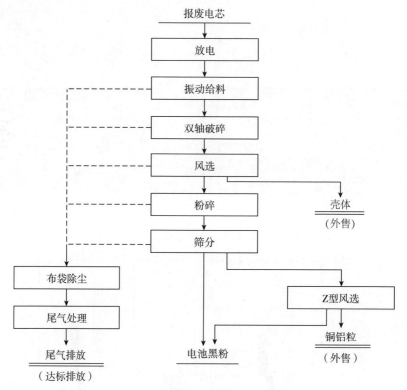

图 4-11　锂电池机械预处理工艺流程

预处理过程最重要的输出产品是电池黑粉，而副产品，即电池外壳（钢或铝）、铜铝颗粒可作为二次材料直接出售给合格的供应商进行加工，再制造成钢、铝或铜的中间品。通常，预处理过程不需要额外的化学品，因此，过程中的碳足迹主要来自能源的消耗。预处理过程中所消耗的能量主要来自设备所用的电力，如果采用高温热解工艺，有时也会使用天然气。

电池黑粉将在连续的湿法冶金工艺中被进一步处理，以提取有价金属，即镍、钴、锂和锰。取决于工厂的生产制造能力，可以生产成金属镍、钴、锰硫酸盐或直接生产为三元前驱体，过程示意图如图 4-12 所示。

与机械预处理不同，湿法冶金过程中使用了大量化学品，尤其是酸和碱。因此，该流程中的碳足迹既有来自这些化学品的固有碳足迹，也有来自能源的消耗，即使用的电力和低压 / 中压蒸汽。

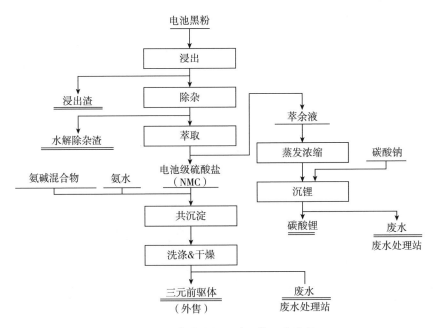

图 4-12　电池黑粉湿法回收工艺流程

Marit Mohr 等[17]进行生命周期评估,以分析锂离子电池回收过程对不同化学组成的电池(NCA、NCM 和 LFP)的生态效益。在他们的研究中,对比了当前主流的湿法冶金和先进的湿法冶金工艺,其中后者工艺中考虑电解液和石墨的回收。他们的研究同时考虑了全球变暖潜能值(GWP)和非生物资源(ADP)的影响,其中的 GWP 对比研究结果如图 4-13 所示。

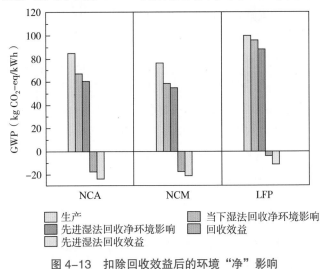

图 4-13　扣除回收效益后的环境"净"影响

从图中可以清楚地看出，无论是哪种电池化学成分，与不考虑回收工艺的原生材料生产相比，当前的湿法冶金和先进的湿法冶金工艺都可以净减少温室气体的排放。对于 NCA 和 NCM 电池化学而言，温室气体减排效果更为显著，当前湿法冶金工艺的净减排量约为 20%，先进湿法冶金工艺的净减排量接近 30%，而考虑 LFP 时，净减排量分别仅为 4% 和 12%。

温室气体净减排量主要来自回收过程中产生的产品的信用，如图 4-14 所示。

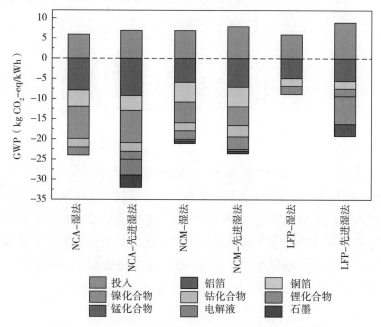

图 4-14 电池回收过程中不同组分贡献的环境效益 [17]

从图中可以看出，铝的回收利用产生了最大的温室气体减排效益，其次是镍化合物、铜和钴化合物。主要是因为这些材料在电池中占据了相当大的质量比例，而从原生矿石中生产这些材料通常需要一个漫长的过程，因此会造成大量的能源消耗。NCA 和 NCM 电池在湿法冶金过程中回收了大部分有价金属，即镍、钴、锰和锂，而对于 LFP 电池，仅回收了锂，因此产生的环境效益较少（图 4-13）。

4.2.3 直接回收法

直接回收是一种低温、低能量的退役锂离子回收处理方法，利用各种物理和化学方法来实现电池各组分的分离。除金属箔外，几乎所有的化学物质和

活性物质以及高价值金属都可以用这种方法回收。美国阿贡实验室 Qiang.D[18]
研究人员对比了湿法冶金、火法冶金及直接回收三种工艺流程产生的 GHG 排
放强度。研究表明，直接回收过程中产生的 GHG 排放要显著低于其他两种工
艺流程。这可能是由于工艺流程的简化避免了原料的投入及能源的消耗。

4.3　基于全生命周期碳排放分析的最佳动力锂电池回收技术展望

　　回收将成为未来原材料供应的重要补充，可以大大降低电动汽车动力锂
电池的碳足迹。然而，目前的湿法冶金回收技术，或者更具体地说，溶剂萃
取系统并没有真正针对高镍含量电池系统进行开发和优化，这往往涉及较长
的工艺流程，导致较高的化学和能源消耗。

　　为了克服上述问题，并使电池回收过程更高效，博萃循环开发了一种创
新的短流程湿法冶金工艺来处理高镍电池体系。传统工艺和博萃循环开发的
湿法冶金工艺流程对比如图 4-15 所示。

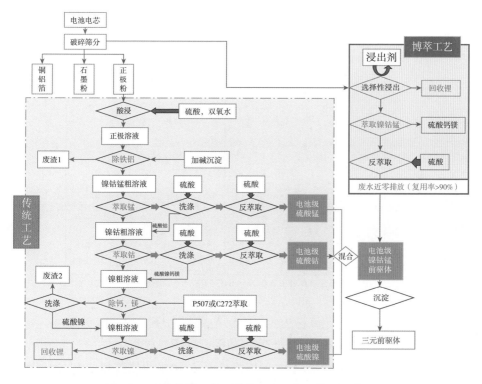

图 4-15　市场传统工艺和博萃湿法冶金工艺流程的比较

从图中可以清楚地看出，与市场主流程相比，博萃的流程要短得多，简单得多。主要差异归纳如下：

①市场主要工艺采用 $H_2SO_4 + H_2O_2$ 全浸出电池组分，博萃采用选择性浸出法，可实现锂的预萃取。

②市场主要工艺是逐次提取 Mn、Co、Ni 金属来得到各个金属的硫酸盐，而博萃采用共萃取法，一次提取 Ni、Co、Mn 金属来得到金属的硫酸盐混合物。

③市场上的主要工艺是将 $MnSO_4$、$CoSO_4$ 和 $NiSO_4$ 盐混合在一起生产 NCM 前驱体，而在博萃的工艺中，NCM 前驱体可以直接从 Ni、Co 和 Mn 的混合溶液中生产。

博萃短流程工艺的核心在于开创性的萃取剂系统。传统萃取剂对 Mn、Co、Ni 和 Ca、Mg 等杂质离子的选择性较差，因此每次萃取过程之间都必须进行额外的杂质去除步骤，导致流程较长。相反，博萃的新型萃取剂体系对含有 Ca、Mg 杂质离子的 Ni、Co、Mn 具有较高的选择性，如图 4-16 所示，可以实现对 Ni、Co、Mn 的高效协同萃取，同时将 Ca、Mg 留在水溶液中。

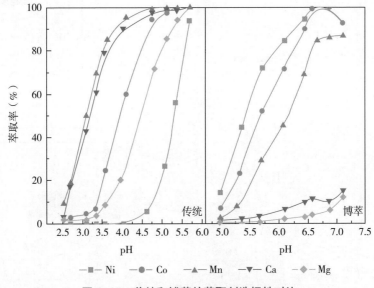

图 4-16　传统和博萃的萃取剂选择性对比

根据中试结果，博萃新工艺可以降低至少 10% 的能源和 15% 的化学品消耗。由于温室气体主要来自回收过程中消耗的能源和化学物质，因此这种新方法很可能会使碳足迹比当前方法至少减少 10%，从而进一步放大其好处（碳信用）。

随着大量的诸如博萃循环这样的公司进入动力锂电池回收领域，预计在不久的将来会开发出更高效、更具体、更智能的解决方案，这必将有助于构建更绿色、更可持续的动力锂电池产业链。

参考文献

［1］ISO14040, Environmental management – Life cycle assessment – Principles and framework[S]. 2006.

［2］Bill Gates. How to avoid a climate disaster: The Solutions We Have and the Breakthroughs We Need[M]. New York: Knopf, 2021.

［3］Roland Irle, EV–volumes. Global EV sales for 2021[EB/OL]. [2021–12–20]. https://www.ev–volumes.com/news/ev–sales–for–2021/.html.

［4］Jens F. Peters, Marcel Weil. Providing a common base for life cycle assessments of Li–ion batteries[J]. Journal of Cleaner Production, 2018, 171: 704–713.

［5］ReCell. Advanced battery recycling[EB/OL]. [2021–12–20]. https://recellcenter.org/research/.html.

［6］Volvo. Carbon footprint report – Battery electric XC40 recharge and the XC40 ICE[EB/OL]. [2021–12–20]. https://www.volvocars.com/images/v/–/media/applications/pdpspecificationpage/xc40–electric/specification/volvo–carbon–footprint–report.pdf

［7］Ambrose H, Kendall A. Effects of battery chemistry and performance on the life cycle greenhouse gas intensity of electric mobility[J]. Transportation Research Part D: Transport and Environment, 2016, 47: 182–194.

［8］Mats Zackrisson, Lars Avellan, Jessica Orienius. Life cycle assessment of lithium–ion batteries for plug–in hybrid electric vehicles – Critical issues[J]. Journal of Cleaner Production, 2014, 18(15): 1519–1529.

［9］Marques P, Garcia R, Kulay L, et al. Comparative life cycle assessment of lithium–ion batteries for electric vehicles addressing capacity fade[J]. Journal of Cleaner Production, 2019, 229: 787–794.

［10］Cusenza M A, Bobba S, Ardente F, et al. Energy and environmental assessment of a traction lithium–ion battery pack for plug–in hybrid electric vehicles[J]. Journal of Cleaner

Production, 2019, 218: 634–649.

[11] Widiyandari H, Sukmawati A N, Sutanto H, et al. Synthesis of $LiNi_{0.8}Mn_{0.1}Co_{0.1}O_2$ cathode material by hydrothermal method for high energy density lithium ion battery[C]//Journal of Physics: Conference Series. IOP Publishing, 2019, 1153(1): 012074.

[12] Liu Y, Zhang R, Wang J, et al. Current and future lithium–ion battery manufacturing[J]. iScience, 2021, 24:102332.

[13] Stephen Gifford. The UK: A Low Carbon Location to manufacture, drive and recycle Electric Vehicles. Faraday Insights, 2021, (12): 4–5.

[14] Qiang Dai, Jarod C.Kelly, Linda Gaines, et al. Life cycle analysis of lithium–ion batteries for automotive application[J]. Batteries, 2019, 5(2), 48.

[15] Martin Beermann. Carbon footprint of EV battery production NCM, NCA, LFP chemistries[R]. IEA HEV TCP Task 40 CRM4EV WEBINAR, 2021.

[16] Mohammad Ali Rajaeifar, Marco Raugei, Bernhard Steubing, et al. Life cycle assessment of lithium–ion battery recycling using pyrometallurgical technologies[J]. Journal of Industrial Ecology, 2021, 25(6): 1560–1571.

[17] Marit Mohr, Jens F. Peters, Manuel Baumann, et al. Toward a cell–chemistry specific life cycle assessment of lithium–ion battery recycling processes[J]. Journal of Industrial Ecology, 2020, 24(6): 1310–1322.

[18] Qiang Dai, Jeffrey Spangenberger, Shabbir Ahmed, et al. EverBatt: A closed–loop battery recycling cost and environmental impacts model[R]. Argonne National Lab.(ANL), Argonne, IL (United States), 2019.

第五章　电池回收法规及标准

电池回收的相关法律法规政策及标准是所有电池回收行业从业者必须遵守并执行的规定。因而对相关各地法律法规充分的认识和了解，有助于了解产业发展现状及把握新兴管理模式、促进升级发展、提升企业核心竞争力。本章主要介绍不同国家及地区有关电池回收的法律法规政策及标准。本章节从各国宏观法律法规、电池回收过程中相关管理规范、技术标准及各国对电池回收行业的支持政策等方面进行介绍，并就电池回收相关法律法规对未来行业影响做出分析。

5.1　概述

目前国际上，特别是欧洲发达国家对废旧电池的环境危害、回收策略、循环利用方法等方面进行了大量的研究和实践，而且已经制定出相关法律法规，促进废旧电池的回收和循环利用[1]。发达国家通过完善的立法体系和先进的回收技术实现电池回收的有效监管，回收法律通常以"基本法—综合法—专项法"的结构进行法律法规体系的搭建，其中，"基本法"确定指导原则；"综合法"明确回收领域的环节和框架；"专项法"制定具体的管理措施及法规。

5.2　全球相关法律法规

5.2.1　欧盟

目前，欧盟已建立起便携式电池回收网络，并在探讨利用该网络进行车用动力电池以及储能电池回收的可行性。欧盟在动力电池回收领域已经制定了较为完善的法律规定（表5-1），主要有3类：一是电池指令；二是关于有害物质处理的法规；三是报废汽车回收相关法规。其中，欧盟2006/66/EC电

池指令（2008 年 9 月 26 日转为各成员国法令，2013 年 12 月进行修订）与电
池回收直接相关，该指令涉及所有种类的电池，并要求汽车电池生产商应建
立汽车废旧电池回收体系。欧盟从 2008 年开始强制回收废旧电池，回收费用
由生产厂家来负担。

表 5-1　欧盟关于电池生命周期的指令和法规

联盟指令和法规名称	年份	主要内容
电池指令 91/157/EEC 号	1991	欧盟理事会关于含有某些危险物质的电池和蓄电池的第 91/157/EEC 号指令
电池指令 93/86/EEC 号	1993	为适应技术进步而制定该指令，用于补充电池指令 91/157/EEC 号，规定了电池的标签要求，要求向消费者准确标注哪些电池应与生活垃圾分开回收
电池指令 98/101/EG 号	1998	为适应技术进步而制定该指令，用于补充电池指令 91/157/EEC 号，降低了有害物质的限值，同时拟定了后续指令的草案
电池指令 493/2012 号	2014	该法规适用于所有类型退役电池的回收过程。同时，该法规明确电池生产企业和代表其行事的第三方销售企业不能以任何理由拒绝承担回收电池的责任，所有从终端消费者处收集的废旧电池必须进行资源循环再生，禁止随意填埋；在电池资源循环再生效率方面，铅蓄电池不得低于 65%，包括锂离子电池在内的其他电池不得低于 50%；电池系统必须易于拆卸，并在电池系统的明显地方标识电池的化学组分和拆卸方法
电池指令 2006/66/EC 号	2006	该指令的主要目标是将电池、蓄电池、废电池及废蓄电池对环境的负面影响降到最低，从而保护并改善环境质量
电池法规 2019/1020 号	2019	电池法规 2019/1020 号旨在加强对欧盟统一立法涵盖之产品的市场监督，从而改善商品自由流动原则的运作方式。如此，便能保障一般场所和工作场所中民众的健康和安全，并保护消费者、环境、公共安全和其他公共利益

在欧盟层面，除大量关于废弃物处理的基本框架规范以外，还有很多极
为重要的、专为这些规范量身定制的废弃物处理流程。由于电池和蓄电池被
认为是与环境密切相关的产品，因此，欧盟针对其生产和使用寿命结束时的
处理都发布了相关法规。自 1980 年以来，个别欧盟国家出台了有关汞、镉、
铅等危险物质的国家法规。然而，禁令和标签要求等多种法规导致了市场扭
曲，阻碍了共同市场的发展。因此，欧盟发布《关于含有某些危险物质的电
池和蓄电池的第 91/157/EEC 号指令》，希望协调各国法律。之后，为适应技
术进步，制定电池指令 93/86/EEC 号对其进行补充，该指令规定了电池的标
签要求，要求向消费者准确标注哪些电池应与生活垃圾分开回收。随后，出

于同样的目的，又制定电池指令98/101/EC，其中收紧对污染物质的限值，并拟定后续指令的草案。这些有关电池及其处理方案的指令基于1975年出台的框架指令（75/442/EEC号指令）及其1991年的修正案（91/156/EEC号指令）和90/c122/02号决议。此框架指令定义了"废弃物"和"废弃物处理"等术语，并规定成员国有义务规避、回收和/或处理废弃物，且规避优于回收和处理。关于电池的各个指令和法规阐释如下。

（1）电池指令91/157/EEC号

欧盟理事会于1991年3月18日颁布的《关于含有某些危险物质的电池和蓄电池的第91/157/EEC号指令》涵盖所有单节含汞量超过25 mg的电池和含汞量（以质量计）超过0.025%的碱锰电池，但含镉量（以质量计）超过0.025%、含铅量（以质量计）超过0.4%的碱锰电池除外。该指令禁止某些电池投入市场。同时，该指令规定，必须确保置于设备中的电池和蓄电池在使用寿命结束时，可由消费者轻松取出。为了便于回料，电池和蓄电池需分开回收。此外，还对标签有一定要求，并允许成员国在必要时建立废弃物处理体系。如此一来，既节约原材料，又避免其中所含的危险物质汞、镉、铅对环境造成破坏。

（2）电池指令93/86/EEC号

电池指令93/86/EEC号发布于1993年10月4日，旨在补充电池指令91/157/EEC号，以使其适应技术进步。该指令规定，必须根据电池指令91/157/EEC号第4条第2段，制定一套详细的标签体系，用于记录电池贴标签的时间、流程和负责人员。该指令还指出，成员国必须将标签的含义告知公众。该指令的措施与欧盟委员会对其废弃物相关立法应适应科技进步的倡议相符。

（3）电池指令98/101/EC号

同样为了使电池指令91/157/EC号适应技术进步，1998年11月22日，电池指令98/101/EC号出台。在发布的该指令解释中，明确说明需参考电池指令98/101/EC号第10条，该条指出，欧盟议会必须按照规定的程序，在一段时间后调整某些内容，以使指令适应技术进步。因此，一方面，电池指令98/101/EC号扩大了指令的涵盖范围，收紧了电池和蓄电池的含汞量限值，并将这一限值作为适用标准，于1999年1月1日起生效；另一方面，该指令规定，考虑到过渡期，最迟自2000年1月1日起，含汞量超出特定限值的电池和蓄电池禁止投入市场。除此之外，该指令还明确将置于设备内的电池纳入适用范围，防止这类电池避开规定或简化处理方式。

（4）电池指令 2006/66/EC 号

该指令全面体现欧盟对废旧电池的立法。它旨在通过将电池、蓄电池、废电池和废蓄电池的负面影响降到最低，达到保护、维持和改善环境质量的目的。同时，它还通过协调有关电池和蓄电池市场投放的各方要求，确保内部市场运作顺利。除少量例外，该指令适用于所有的电池和蓄电池，无论其化学性质、尺寸或设计如何。

为了达成这些目标，该指令禁止销售含有某些有害物质的电池，提出建立高水平的回收再利用体系，并为回收再利用活动制定目标。同时，它还对电池标签及设备内电池的易于拆卸提出要求。

另外，该指令致力于改善电池和蓄电池生命周期所有参与者对环境的影响，包括生产商、分销商、终端用户等，特别是直接参与废电池和废蓄电池处理和回收的营运商。电池和蓄电池的生产商，以及包含电池和蓄电池的其他产品的生产商，都有责任对其投放于市场上的电池和蓄电池的废弃和回收进行管理。

（5）欧盟 2019/1020 号法规

该法规涵盖投放于内部市场、且受欧盟协调法案约束的非食品类产品（"工业产品"）的市场监督。它罗列出许多新规定，包括：

要求生产商在欧盟内指定一名授权代表，以加强与市场监督机构的联系；

规定互有竞争机构间的合作方式；

制定成员国在其领土范围内组织市场监督的义务；

为市场监督机构提供一系列权利，例如：

查阅数据和文件；

进行实地考察；

试购；

秘密走访采购；

撤回并销毁产品，进行处罚并责令返还利润。

指出欧盟有可能指定检测装置；

以请求获取信息和请求强制执行的形式，制定了成员国间的互助流程，并允许将于某一成员国内获得的证据用于另一成员国；

对进入欧盟市场的产品加强海关管制；

在欧盟委员会内，建立起联盟产品合规网络，以协调成员国间的执法任务。

该法令旨在要求未在欧盟国家成立的公司在欧盟范围内指定一名经济运营代表，来承担纠正违规行为的广泛义务。

该法规旨在要求未在欧盟国家成立的公司在欧盟范围内指定一名经济运营代表，来承担纠正违规行为的广泛义务。

5.2.2　欧洲典型国家

5.2.2.1　德国

德国电池相关的条例和法规见表 5-2。

表 5-2　德国电池相关条例和法规

条例和法规	年份	主要内容
《循环经济与废弃物法规》（KrW-/ AbfG）	1994	根据法规第一章，该法规旨在促进循环经济，从而保护自然资源，并推动废弃物的环保管理。作为后续各项条例和法规的基础，该法规将对特定类型的废弃物进行分级处理（《循环经济与废弃物法规》第 4 章第 1 段）
《电池条例》（Batterieverordnung）	1998	《电池条例》旨在通过禁止某些含有害物质的电池投入市场，并规定回收利用的责任，减少废旧电池的污染排放
《电池法》（BattG）	2021	《电池法》旨在提高电池和蓄电池的回收比例，因为其不仅包含有价值的原材料，还含有对自然环境和人体健康有害的物质

（1）《循环经济与废弃物法规》（KrW-/ AbfG）

《循环经济与废弃物法规》是为推动欧盟电池指令 91/156 号实施而出台的法规，即是将欧盟电池指令 91/156 号中的建议和欧盟电池指令 75/442 号中废弃物的处理原则，转化为了有约束力的国家法律。该法规还为之后特定类型废弃物处理法规中对废弃物的分级处理提供了基础原则：应优先考虑如何避免废弃物产生；如果无法避免，产生的废弃物必须回收或作为能源再利用，即成为二次原材料或用于产能。另一个关键点是，该法规还在第 4 节提出了"循环经济"的基础概念。该法规不仅规定了废弃物的使用和回收，还在第三部分规定了生产责任，鼓励生产商早在产品设计阶段，就尽可能减少废弃物产生的可能性。因此，生产商有义务在产品开发环节采取预防废弃物产生的措施。为了实施这些普遍适用的规定，该法规在第 24 章第 1 段指出，政府将可能强制生产商撤回产品，并采取恰当措施使之遵守规定，比如押金制。

（2）《电池条例》（Batterieverordnung）

《电池条例》是用于补充《循环经济与废弃物法规》的法定条例之一，其中明确提及了《循环经济与废弃物法规》。除了在电池行业推行循环经济理念外，该条例旨在普遍禁用含有某些污染物的电池，并促进可回收电池的生产。

该条例将电池分为以下三类：

①含污染物的电池：包括各类含汞量、含镉量或含铅量超出限值的电池。

②起动型电池：指"常用于机动车辆的启动、点火或照明"的蓄电池。这类电池很早便已建立回收再利用体系，因此很大程度上不受本条例的规定所约束。

③其他电池：不属于上述类型的所有电池。

（3）《电池法》（BattG）

《电池法》将电池产品分为以下三类：

①工业电池（用于商业、农业用途，或者电动汽车和混合汽车的驱动电池）。

②汽车电池（用于汽车点火、启动和照明的电池）。

③电池设备（除工业和汽车电池外，可手提的封装电池）。

这些电池产品有的不可充电（原电池），有的可以充电（二次电池、蓄电池）；有的需要安装，有的可以单独使用。

《电池法》将生产商定义为德国境内任何：出于分销、消费或使用的目的，最初将电池或带有内置或封闭电池的设备投放至德国市场的公司；销售来自不明生产商电池的公司。

《电池法》规定，生产商需在发售电池和蓄电池前进行登记注册，标注含有害物质的电池，定期上报销售数量，并配置恰当的电池回收设备以收集其投入市场的电池，同时确保回收方式绿色环保。

5.2.2.2 挪威

挪威电池相关的条例和法规见表5-3。

表5-3 挪威电池相关条例和法规

理事会指令与法规	年份	主要内容
H.R.2853《电池回收和研究法案》	1989	1989年出台的《电池回收和研究法案》修订了《固体废弃物处理法案》，指出除该法案规定的回收再利用方式，不得以其他方式处理废旧铅酸电池

理事会指令与法规	年份	主要内容
H.R.1510 《电池回收和研究法案》	1991	修订 H.R.2853《电池回收和研究法案》
H.R.1808 《铅电池回收倡议法案》	1993	修订《固定废弃物处理法案》，引导挪威环境保护局（EPA）的管理人员颁布有关废旧铅酸电池生产、运输、储存、回收和处理的法规
H.R.1522 《铅电池回收倡议法案》	1995	修订 H.R.1808《铅电池回收倡议法案》
S.2157 《铅酸电池回收法案》	1996	《铅酸电池回收法案》修订了《固体废弃物处理法案》，禁止任何人焚烧或填埋废旧铅酸电池
S.3356 《电池和关键矿物回收法案》	2020	该法案笼统地规定了电池的回收再利用，包括指导挪威能源部为①从事电池回收再利用相关研究、发展和示范项目的实体，②州和地方政府开展电池回收、再利用和再处理项目提供补助金

（1）H.R.2853《电池回收和研究法案》（1989）

该法案修订了《固体废弃物处理法案》，指出除该法案规定的回收再利用方式，不得以其他方式处理废旧铅酸电池。该法案要求，任何个人、零售或批发商、生产商在处理铅酸电池时，必须将电池移交经授权的二次铅冶炼厂、经授权的回收再利用设施或其他指定实体。该法案还规定了违反法案的应得处罚。

（2）H.R.1808《铅电池回收倡议法案》（1993）

该法案修订了《固定废弃物处理法案》，引导挪威环境保护局（EPA）的管理人员颁布有关废旧铅酸电池生产、运输、储存、回收和处理的法规。

（3）S.2157《铅酸电池回收法案》（1996）

修订《固体废弃物处理法案》，禁止任何人焚烧、填埋或以任何除返还给以下授权回收者之外的其他方式处理废旧铅酸电池：①此类电池的零售或批发商；②受监管的铅冶炼厂；③汽车拆解厂或报废处理厂；④按规定可接收此类电池的回收单位；或者⑤同一通用类型电池的生产商。该法案还规定了零售商、批发商、拆解厂、回收单位和生产商返还电池的对应授权接收者。

5.2.2.3　荷兰

荷兰电池相关的条例和法规见表5-4。

表 5-4　荷兰电池相关条例和法规

议会指令和法规	年份	主要内容
MJZ2001120 768	2001	关于管理汽车全生命周期的决议
第三次国家废弃物管理计划（LAP3）	2019	关于循环经济的法律条文，该计划包含政策框架和部门计划
荷兰电池管理法令（2008）	2008	该法令包含与电池加工相关的所有制度规定。该法令适用于所有电池，包括汽车起动电池和驱动电池

5.2.3　美洲

美国的废旧电池分为两类，非有害垃圾和有害垃圾。前者包括锌锰电池、锂原电池、锂离子电池、镍氢电池（加州除外）。后者包括纽扣电池、镍镉电池、氧化银电池、封闭式铅酸电池和机动车铅酸电池。根据美国环保局的规定，有害废旧电池需按照标准化的收集程序收集，非有害的废旧电池可以进入生活垃圾进行处理（USEPA，2012）。

加拿大电池管理在省级层级上，在英属哥伦比亚省一次性电池和二次型电池都被认为是危险固废，RBRC 的电池回收项目 Call2Recycle 被认定为废旧电池管理的项目；在安大略省，Call2Recycl 回收二次型电池，安大略省环保部门负责回收一次性电池；在魁北克省，Appel a Recycler MD 是管理废旧电池的官方项目。

对于废电池的回收，美国主要是政府通过制定环境保护法规对其管理，再通过市场监管的方式开展。针对废旧电池的回收利用，美国主要从联邦州三个层级立法，形成了一套完善的电池回收管理法律制度体系（表 5-5），其立法主要针对镉镍电池、小型密封铅酸电池、含汞电池以及其他所有类型的电池。

表 5-5　美国电池回收宏观政策一览表

政策和法规	年份	主要内容
《资源保护与回收法》	1976	废弃的镍镉、铅酸、氧化银和含汞电池属于危险废物，锂离子电池是有潜在危险性的废弃物。对铅酸电池等有害废物进行"从摇篮到坟墓"的全生命周期跟踪，全部过程要以文件形式记录下来。企业必须申请许可证，才能对危险废弃物进行回收、储存、运输、处理等操作。政府通过许可证来控制相关企业的操作流程，并要求其逐步清除以前的污染
《清洁空气法》	2013	把铅列为评价空气污染的 6 种标准污染物之一，并配有一系列的标准对铅排放进行控制和管理

政策和法规	年份	主要内容
《清洁水法》	1977	严格规定了水排放中各种污染物的指标，所有向下水道或者水处理厂排水的单位都要具有废水排放许可证
《含汞电池和充电电池管理法》	1996	主要规范废镍镉电池、废密封铅酸电池和其他废旧充电电池的生产、收集、运输和贮存等。在美国销售的电池须有统一的标识，以便于提示消费者协助电池回收。美国禁止销售含汞碱性电池，（有意向电池中添加汞的）锌锰电池和氧化汞电池
《电池产品管理法》		由美国国际电池协会推动制定，其采用生产者责任延伸＋消费者押金制度

美国废电池回收管理的另一个特点：基于电池中的有害物质来划分和管理，分为含汞电池、镍镉电池、氢镍电池、锂电池等。在美国，氢镍电池、锂离子电池和聚合物锂离子电池等一般被认为是无害的，尽管锂离子电池在完全放电之前可能是有害的，因此，上述类型的电池不在美国有关部门的监控范围内。

除了遵循联邦政府规定的电池回收相关法案，州政府分别出台与《资源保护与回收法案》（RCRA）相适应的政策来确保其实施到位。具体政策如下：

（1）州废物管理计划

《资源保护与回收法案》（RCRA）要求，美国环境保护局（EPA）必须出台指南文件指导州政府编制和实施州废物管理计划，州政府应按照法律要求编制计划并提交 EPA 批准后实施。计划必须尽可能详细地给出为达到RCRA 目标需采取的措施及其时间安排，计划至少为期 5 年，必须明确州政府和地方政府实施责任。

（2）危险废物产生者管理

在 RCRA 中，危险废物的产生者是其"从摇篮到坟墓"管理体系的第一环。所有的产生者都必须负责确定它们产生的是否为危险废物，必须对这些废物的最终处理进行监管。因为不同类型的单位会产生不同数量的废物，给环境带来不同程度的风险，所以 RCRA 根据这些产生者的危险废物产生量进行分级管理。危险废物产生者不能通过与运输或处置的第三方签订协议而免除责任，即使是由第三方的行为造成了废物的违法处理，废物产生者仍需对不符合要求的处置所造成的问题承担连带责任或共同责任。

（3）危险废物运输者管理

危险废物运输者，不仅受 RCRA 管制，还要受《危险物质运输法案》制约。EPA 要求，危险废物运输者必须申请获得 EPA ID 码，以掌握危险废物的运输行为。同时，危险废物运输必须执行转移联单。为促进资源的回收和循环利用，某些被循环利用的危险废物的运输，可以不受转移联单管理要求的制约。

（4）危险废物处理、贮存及处置设施管理

美国 EPA 针对危险废物处理、贮存及处置设施管理（TSDF）制定了十分严格的管理要求，并要求 TSDF 必须申领许可证。许可证由 EPA 或者被 EPA 授权的州政府签发，也可由两者共同签发。由于循环利用活动本身受到了 RCRA 豁免，TSDF 不包括循环利用设施，因此危险废物循环利用不需要申领许可证，也不受制于 TSDF 的管理要求。

5.2.4 亚洲

5.2.4.1 中国

我国各部委废旧电池回收主要政策见表 5-6。

表 5-6 中国各部委废旧电池回收主要政策

政策名称	发布部门	发布时间	主要内容/要点
《汽车产品回收利用技术政策》	发改委、科技部环保总局	2006.2.14	汽车产品报废回收制度建立的指导性文件，要求汽车生产企业负责回收、处理其销售的汽车电池
《节能与新能源汽车产业发展规划（2012—2020）》	国务院	2012.6.28	建立动力电池梯次利用和回收管理体系，鼓励发展专业电池回收企业，制定电池回收企业的准入标准
《电动汽车动力蓄电池回收利用技术政策（2015年版）》	发改委、工信部、科技部等	2016.1.5	指导企业合理开展动力电池的设计、生产及回收工作，建立上下游企业联动的电池回收体系，落实生产者责任延伸制度
《汽车动力电池行业规范条件（2017年）（征求意见稿）》	工信部	2016.11.22	规定企业应满足国家和地方关于动力电池产品回收利用相关的政策法规要求
《废电池污染防治技术政策》	环保部	2016.12.26	逐步建立废新能源汽车动力电池收集、运输、储存、利用、处理过程的信息化监管体系

政策名称	发布部门	发布时间	主要内容/要点
《新能源汽车动力蓄电池回收利用管理暂行办法》	工信部等七部委	2018.1.26	明确了动力蓄电池设计、生产及回收责任，以及对回收企业的资质要求
《新能源汽车动力蓄电池回收利用试点实施方案》	工信部等七部委	2018.2.22	建设一批退役动力电池示范生产线、高效回收示范项目、标杆企业、关键技术、技术标准，发布一批政策措施
《新能源汽车动力蓄电池回收利用溯源管理暂行规定》	工信部	2018.7.2	动力电池生产、销售、使用、报废、回收全过程信息采集，各环节责任主体履行情况实施监测
《车用动力电池回收利用 材料回收要求》（征求意见稿）	全国汽车标准化技术委员会	2018.7.27	规定车用动力电池回收的专用术语、总体要求、处理技术要求和污染防控要求
《新能源汽车动力蓄电池回收服务网点建设和运营指南》	工信部	2019.10.31	提出了新能源汽车废旧动力电池回收服务网点资质、建设、运营以及安全环保要求
《新能源汽车废旧动力蓄电池综合利用行业规范条件（2019年本）》	工信部	2020.1.3	对新能源电池企业布局、项目选址、技术装备和工艺、资源综合利用及能耗、环境保护作出具体要求
新能源汽车动力蓄电池梯次利用管理办法（征求意见稿）	工信部	2020.10.10	加强新能源汽车动力蓄电池梯次利用管理，提升资源综合利用水平

在以上重要电池回收政策中，有三项政策对行业的影响较大，介绍如下：

2012年6月，国务院发布《节能与新能源汽车产业发展规划（2012—2020）》，要求制定动力电池回收利用管理办法，建立动力电池梯次利用和回收管理体系，引导动力电池生产企业加强对废旧电池的回收利用，鼓励发展专业化的电池回收利用企业，严格设定动力电池回收企业的准入条件，此项政策是中国电池回收政策真正意义上的开端。

2018年1月，工信部等七部委联合发布《新能源汽车动力蓄电池回收利用管理暂行办法》（以后简称《办法》），明确动力电池设计、生产及回收的分工，对梯次利用和回收利用的企业资质、政府部门监督管理责任进一步细化，《办法》对电池回收各方面内容做出总结性的政策要求，奠定了日后中国电池回收政策制定的基础。

2019年10月，工信部发布《新能源汽车动力蓄电池回收服务网点建设和运营指南》，提出新能源汽车废旧动力电池以及报废的梯次利用电池回收服

务网点建设、作业以及安全环保要求，为行业内报废电池的存储、运营提供
法规依据。

中国的地方政府高度重视动力电池回收，并制定一系列政策和补贴办法
来鼓励电池回收行业的发展。以江苏省为例：截至 2020 年底，中国新能源
汽车保有量 492 万辆，当年报废动力电池重量约 20 万 t，江苏省新能源汽车
保有量 29.8 万辆，占全国新能源汽车保有量的 6%。粗略计算，江苏省当年
报废电池已达到 1.2 万 t。江苏省政府充分意识到电池回收行业的巨大潜力，
以及不处理报废电池对环境的潜在破坏性，近几年密集发布政策（表 5-7），
带动电池回收行业发展。

表 5-7　江苏省废旧电池回收主要政策及事件

主要政策及事件	发布部门	发布时间	主要内容 / 要点
《江苏省"十三五"新能源汽车推广应用实施方案》	江苏省政府办公厅	2016.12.28	以车辆企业为主体，建立车用动力电池回收利用机制，制定回收处置规定，促进废旧动力电池回收和循环利用
电池回收试点省份	工信部等	2018.7.30	工信部会同科技部、生态环境等部门开展动力电池回收利用试点工作，江苏省被列入试点省份
南京江北储能电站破土动工	江苏省电力有限公司	2019.3.6	全球最大规模车用动力电池梯次利用储能电站，利用"旧电池"总容量 7.5 万千瓦时，其中磷酸铁锂电池 4.5 万千瓦时，铅酸电池 3 万千瓦时
电池回收产业联盟	江苏省工信厅	2019.5.30	中国铁塔江苏分公司、国网江苏公司等公司发起成立了江苏省新能源汽车动力蓄电池回收利用产业联盟，选举二者为理事长单位，南京国轩、开沃新能源、格林美（无锡）、华友循环、竞泰清洁为副理事长单位
《对省政协十二届二次会议第 0910 号提案的答复》	江苏省工信厅	2019.6.18	按照"先梯次利用后再生利用"的原则，建立覆盖全省的车用动力电池回收、梯次利用、再生利用体系
《关于培育动力电池回收利用区域中心站的通知》	江苏省工信厅	2021.3.5	启动退役电池回收区域中心站培育工作，区域中心站是从事退役电池回收、贮存、转运的大型站点，一个社区内设立一家，完成区域内退役电池回收，并将低速车电池、一次性锂电池、非标电池纳入回收范围，同时鼓励站点兼具拆解、检测、梯次利用、再生等其他功能
江苏省动力电池回收利用试点工作推进会召开	江苏省工信厅等	2021.3.26	省工信厅、发改委、科技厅、商务厅、生态环境厅、交通运输厅、市场监督管理局提出编制江苏省动力电池回收利用五年计划

据前江苏省工信厅节能与综合利用处副处长胡正新介绍，江苏省当前基本建立以 4S 店和汽车维修企业为骨干，覆盖全省的动力电池回收网络体系，全国 79 家新能源汽车生产企业和相关企业在江苏省共设立 907 个退役电池回收网点[2]。退役电池梯次利用领域，中国铁塔江苏分公司、国网江苏综合能源服务有限公司、江苏慧智能源研究院等企业已成为行业领先力量；再生利用方面，格林美（泰兴）、南通北新新能源有限公司也已经崭露头角。

重视电池回收行业的发展，已经成为各地政府的共识。不仅江苏省大力支持，中国的其他省市也纷纷出台政策（表 5-8），鼓励电池回收行业的发展。

表 5-8　其他省市电池回收政策

政策名称	地方政府	发布时间	主要内容 / 要点
《上海市鼓励购买和使用新能源汽车暂行办法》	上海市	2014.5.12	车企回收动力电池，政府给予 1000 元 / 套的奖励
《上海市鼓励购买和使用新能源汽车暂行办法（2016 年修订）》		2016.2.23	车企承担汽车废旧动力电池回收责任，具备与销售的新能源汽车总量规模相当的电池回收、利用与处置能力
《广州市人民政府办公厅关于印发广州市新能源汽车推广应用管理暂行办法的通知》	广东省	2014.11.28	广州市需建立车用动力电池回收渠道，对动力电池进行达标回收处理
《广东省人民政府办公厅关于加快新能源汽车推广应用的实施意见》		2016.4.11	探索利用基金、押金、强制回收等方式促进废旧动力电池回收
《广东省新能源汽车动力蓄电池回收利用试点实施方案》		2018.9.14	建设一批梯次和再生利用示范项目、合作模式、团体标准、标杆企业、关键技术，促进回收政策基本完善
《深圳市人民政府关于印发深圳市新能源汽车推广应用若干政策措施的通知》		2015.3.4	车企负责动力电池强制回收，按每千瓦时 20 元专项计提回收处理资金，地方财政按审计的集体资金金额给予不超过 50% 比例补贴
《深圳市 2016 年新能源汽车推广应用财政支持政策》		2016.9.5	车企负责动力电池回收，每千瓦时 20 元专项计提电池回收资金，地方财政按审计集体资金金额给予不超过 50% 比例补贴，补贴资金应专项专用
《深圳市开展国家新能源汽车动力电池监管回收利用体系建设试点工作方案（2018—2020 年）》		2018.4.2	实现对纳入补贴范围的新能源汽车动力电池监管

政策名称	地方政府	发布时间	主要内容/要点
《北京市推广应用新能源商用车管理办法》	北京市	2017.7.14	提出建立完善的废旧动力电池回收体系，提供具备可行性的废旧动力电池回收方案
《北京市推广应用新能源汽车管理办法》		2018.2.24	汽车生产企业承担废旧动力电池回收主体责任
《合肥市人民政府办公厅关于调整新能源汽车推广应用政策的通知》	合肥市	2017.5.9	对整车、电池生产企业建立废旧动力电池回收系统并运营的，按电池容量给予每千瓦时10元奖励
《天津市新能源产业发展三年行动计划（2018—2020年）》	天津市	2018.10.30	开展动力电池回收技术开发与回收网络建设，率先建成覆盖全市的动力电池回收、交易、拆解、梯次利用网络
《京津冀地区新能源汽车动力蓄电池回收利用试点实施方案》		2018.12.18	按照《新能源汽车动力蓄电池回收利用试点实施方案》要求，结合京津冀地区新能源汽车及动力电池回收产业发展实际，制定试点实施方案
《四川省新能源汽车动力蓄电池回收利用试点工作方案》	四川省	2019.3.18	到2020年，动力电池梯次利用产值达5亿，材料回收利用产值达30亿，建设3个示范基地，打造2个示范项目，培育3个标杆企业
《湖南省新能源汽车动力蓄电池回收利用试点实施方案》	湖南省	2019.4.16	车企承担动力电池回收主体责任，建成共享回收网络体系，引导省内80%以上的新能源汽车退役报废动力电池进入回收网络体系

由上表可以看出，近几年随着电池回收企业数量的稳定增长，地方政府也在逐渐降低财政补贴的力度，转而制定政策引导和规范行业发展。

中国政府对新能源产业的重视，原因有4点：

①中国是贫油国家，发展电池、氢能等新能源可以减少对外依赖（这一点在中美贸易摩擦的背景下尤其重要）。

②新能源可以减少对环境的污染，中国政府已经作出承诺"2030碳达峰，2060碳中和"。

③新能源产业可以为政府增加就业岗位、创造税收。以1万t/年电池回收工厂为例，可以为当地政府提供100个就业岗位、每年1200万元的税收。

④具体到新能源汽车领域，电动化是智能化基础，为中国汽车行业弯道超车提供机会。

5.2.4.2　日本

日本对废旧电池回收起步较早，相关法律法规也较为全面。日本虽然没制定电池专项立法，但是日本在环境保护法领域，早已确立了"基本法—综合法—专项法"的循环经济立法体系。关于循环经济立法体系法律法规方面主要有三个层次（表5-9）：第一基本法，即《促进建立循环型社会基本法》；第二综合法，包括《资源有效利用促进法》《废弃物处理和公共清洁法》；第三专项法，包括《汽车再循环法》《小型家电回收法》《高压气体安全法》等。其中综合法中均有对废旧电池的回收做出相关规定，因此可以将其视为是更高位阶的"专项法律"。

表5-9　日本电池回收宏观政策一览表

法律法规	颁布时间	内容要点
《促进建立循环型社会基本法》	2000年	把焦点放在废弃物问题上，努力确保社会物质循环的同时，以抑制自然资源消费和减低环境负荷为目的。明确国家、地方政府、企业和公众的职责，有计划和综合性地实施建立循环型社会政策
《再生资源有效利用促进法》2001年改名为《资源有效利用促进法》	1991年	指定小型二次电池为再利用产品，并指定小型二次电池为回收产品。实施电池回收箱的安装，开始加强配送反向路线的收集
	1993年6月	明确镍镉电池和干电池由消费者回收至再生处理企业的三个渠道：通过分类收集后由地方自治体集中移交；电池的销售商、生产商转交；由配套电器大销售商和服务中心转交，从而完善了回收渠道
	2001年4月	对于电池的制造商以及销售公司自愿回收使用过的小型二次电池，改为强制回收。主要收集小型二次电池中使用的稀有金属（镍、钴、铅等）
《废弃物处理和公共清洁法》	1971年	对废弃物分类、保管、收集以及处理方式方法等进行确认，加强大众意识
《汽车再循环法》	2008年2月	在关于电动车和混合电动车拆解企业收集和回收物品中，添加了锂电池和镍氢电池的回收，以及回收方法和保管方式。报废汽车回收拆解企业有义务拆卸电池
《高压气体安全法》	2019年3月	为了响应氢燃料电池电动车的普及，以及清洁能源技术的进步，在燃料电池电动车相关法规审查中，确认存在安全问题的项目中，对压缩加氢站技术标准进行审查
《小型家电回收法》（促进关于废旧小型电器再资源化的法律）	2021年3月	最早于2001年4月制定，2021年3月新修订规定：废旧小型电子设备等回收目标为每年14万吨，地方（市町）参与回收废旧小型电子设备，以及安全回收和安全处理废旧锂蓄电池的产品，明确让居民了解适当的分类方法和收集场所的位置

日本因1956年熊本县水俣市水俣工厂排放的工业废水中含有汞等有害成分，导致周围的居民感染水俣病，至此日本社会各界开始关注废电池中汞的

威害。废电池的焚烧对大气造成污染，日本政府开始探讨关于废电池的管理问题。

日本蓄电池工业协会从管理镉等有害物质的角度出发，于 1978 年建立了防灾用镍镉电池的回收路线，加强与电器商店等的收集合作，并在法律生效后将范围扩大到镍镉电池以外的电池。1991 年，颁布的《再生资源有效利用促进法》指定小型二次电池为回收产品。日本开始实施电池回收箱的安装，加强配送反向路线的收集。1993 年，日本修订的《再生资源有效利用促进法》对镍镉电池、镍氢电池、锂离子电池、小型铅酸电池等二次电池，明确 3 种回收渠道。2001 年《再生资源有效利用促进法》更名为《资源有效利用促进法》，对于电池的制造商以及销售公司自愿回收使用过的小型二次电池，改为强制回收。

为了合理回收资源，减轻加工设施的负担，日本推进废旧电器产品的收集和回收利用。在《小型家电回收法》《汽车循环法》等专项法中也对电池回收做出明确要求。要求再回收前需将电池取出回收，减少资源损耗。

5.2.5 全球电池回收相关法律的特点与分析

通过比较世界范围各国电池相关法案可以得知：欧美国家更多地将电池回收归类于电池相关法案，并且不再对电池回收进行单独的规定，这也从一个侧面反映了欧美国家的电池回收行业并未发展到能够倒逼法案进行进一步细化的情况。特别从欧洲各国来看，大多数国家仅遵循欧盟所颁布的统一法令，仅有几个动力电池行业发展较为迅速的国家对电池法案乃至电池回收进行了更为细化的规定。而美国则较欧洲更为细化，电池回收相关法律作为宏观法案《资源保护与回收法》的其中一部分，在逐年修订，并在其他法律规定补充下形成一个完整电池回收法律体系，各州根据情况细化法律政策。相对于欧美，亚洲各国的电池回收法律法规及政策划分更细，规范更为全面。如中国的电池回收相关的宏观法不止包含于电池法及环境法中，有其独立的电池回收相关法，并且发展较为迅速的省市也出台了要求更高，规范更细的省市级法。日本的法律法规对主体责任要求明确具体。通过立法和具体的政策性文件要求，日本对电池的设计、制造、销售、使用、回收、再利用各个环节都提出具体规定，明确了相关主体之间的权利义务关系，为建立回收、利用和处理废电池，提供完善的良好法律秩序。总体来说，亚洲的电池回收法律较欧美更完善，能满足企业生产需求。

5.3　电池回收相关管理规范

5.3.1　全球电池回收相关管理规范

全球电池回收相关管理规范见表 5–10 至表 5–12。

（1）美国

表 5–10　美国相关管理规范

条例与法规	年份	主要内容
美国国际电池协会建议的电池回收法规（绝大部分州都采用）	1993	消费者：废铅酸电池禁止自行处理，必须交给零售商，批发商或者再生铅冶炼企业； 电池零售商：消费者在购买电池时，需付至少 10 美元的押金（可能更高），并且当退回相同类型的电池时，才能收回已付的押金；如果在购买之日起 30 天内未退回，则押金将归零售商所有。回收的电池应交给批发商或者再生铅厂商； 电池批发商：如果消费者提供旧电池，则使用类似型号进行交换，且不少于购买的新电池数量。罚则：政府将检查零售商和批发商的行为是否符合上述要求，违反规定将受到罚款和其他处罚
纽约市垃圾分类回收法	1989	要求市民将废旧电池和轮胎送回回收机构；废汽车蓄电池应送至专门的回收机构，且不能和普通垃圾混合随意丢弃；汽车电池零售商有义务免费回收电池，消费者需要额外支付 5 美元的手续费以便将来回收

（2）中国

表 5–11　中国电池回收行业相关管理规范

管理规范	年份	备注
《废旧电池回收技术规范》（GB/T 39224—2020）	2021	规定了废旧电池回收的总体要求、收集要求、分拣要求、运输要求和贮存要求。适用于废旧电池回收全过程，属于危险废物的废旧电池除外
《危险废物收集—贮存—运输技术规范》（HJ 2025—2012）	2012	规定了危险废物在收集、贮存、运输过程中必须遵守的各项规范要求
《安全标志及其使用导则》	2008	传递安全信息标志的适用范围，适用于公共场所、工业企业等需要提醒人们注意安全的场所
《危险废物经营许可证管理办法》	2004	为加强对危险废物的经营管理，为监管部门提供一条合理的规划

续表

管理规范	年份	备注
《电池废料贮运规范》	2011	本标准适用于电池废料的贮存与运输，规定了电池废料贮运的要求、贮存方式及设施、运输要求、运输方式及容器等
《再生资源回收站点建设管理规范》	2012	本标准适用于再生资源回收站点的建设和经营管理活动，不适用于我国法律法规和规章另有规定的进口可用作原料的固体废物、危险废物、报废汽车等再生资源回收站点建设管理
《新能源汽车动力蓄电池回收利用管理暂行办法》	2018	汽车生产企业承担动力蓄电池回收的主体责任，相关企业在动力蓄电池回收利用各环节履行相应责任，保障动力蓄电池的有效利用和环保处置

2021 年，《废旧电池回收技术规范》（GB/T 39224—2020）正式开始实施，该规范综合整理了废旧电池回收行业的相关管理规范，包含从电池收集、贮存、运输等各个方面的管理技术要求，能够更快速地了解遵循管理要求及行业规范。该技术规范参考引用了以下标准：GB 2894《安全标志及其使用导则》、GB 15630《消防安全标志设置要求》、GB 18599《一般工业固体废物贮存、处置场污染控制标准》、GB/T 19001《质量管理体系—要求》、GB/T 24001《环境管理体系—要求及使用指南》、GB/T 26493《电池废料贮运规范》、GB/T 26724《一次电池废料》、GB/T 26932《充电电池废料废件》、GB/T 36576《废电池分类及代码》、GB/T 45001《职业健康安全管理体系—要求及使用指南》、GB 50016《建筑设计防火规范》、GB 50140《建筑灭火器配置设计规范》、HJ 2025《危险废物收集—贮存—运输技术规范》、SB/T 10719《再生资源回收站点建设管理规范》。

（3）日本

关于电池管理及回收、利用，日本以《循环型社会形成推进法》和《资源有效利用促进法》为基本框架法，以《汽车循环法》等为各专项子法，各政令（省级令）也出台配套的促进资源回收的法律法规制度。这些制度要求涵盖了产品的生产、消费、使用、回收和处置各个阶段。

表 5-12　日本相关管理规范

条例法规	年份	主要内容
日本旭川市制定废旧电池回收条例	1984	要求居民将废旧电池扔入有害物质垃圾桶内，实行分类垃圾，每周由清扫部门收集装袋
秋田市	1985	开始分类回收干电池

条例法规	年份	主要内容
日本厚生省发布咨询文件	1985	要求电池实现无汞化,并在 1990 年达到这一目标,并提出指导性意见: ①由于日本垃圾处理设施均有严格标准,废电池可以同生活垃圾一同处理,在环境保护问题上没有特别的问题。同时进行汞含量的降低、氧化汞扣式电池的回收处理,以保证环境保护的需要; ②为满足社会和环境保护的要求,有关各方在自己的职责范围内共同采取措施降低电池中的汞含量; ③市町村可以根据自己的需要判断决定是否进行废电池的回收
日本干电池工业协会	1986	1986 年日本干电池工业协会采取了一系列行动要求电池生产企业降低含汞电池产量和一次电池的汞含量:①加强汞电池的回收;②推广在助听器内用锌 - 空气电池替代汞电池;③到 1987 年将碱性电池中的汞含量降低到现有水平的 1/6;④到 1987 年实现标识化
日本通产省	1993	要求发动各地方自治体试行干电池分类回收,以保证再生处理单位的需要
日本国际贸易和工业生产管理部门	1995	规定从 1995 年底起全面停止生产氧化汞电池;助听器所配置的氧化汞电池占氧化汞电池总量的 80%;到 1995 年,日本实现锌锰电池和碱性电池的无汞化
日本经济产业省和环境省	2001	提出了推进小型二次电池回收再生的政策文件。政策指出,重点回收二次电池;对于一次干电池,由于在世界上缺乏经济有效的再生技术,其再生要进行谨慎的探讨; 二次废电池的回收以干电池工业协会组织有关团体进行废电池的回收。要求到 2005 年,废铜镍电池的回收率由 1999 年的 45% 提高到 78%,氢集电池由 20% 到 35%,锂电池由 20% 到 40%,小型铅酸电池由 55% 到 80%
日本政府实施"3R"计划	2000	即将过去"大量生产、大量消费、大量废弃"改为"循环、降低、再利用"
日本经济产业省颁布《家电回收利用法和其他回收利用活动》	2009	根据法规,日本的家电制造商、销售商和消费者在家电的回收利用过程中有严格的责任义务分工:家电制造商承担对废家电的回收利用义务,即建立或租用回收利用工厂;家电销售商承担对废家电的收集和运送至回收工厂的义务;消费者则要承担上述两项措施的费用
浦安市实行"4R"计划	2019	4R,是在 3R 计划的"循环、降低、再利用"中添加了"拒绝",即"拒绝、循环、降低、再利用"

条例法规	年份	主要内容
日本经济产业省发布《用于电动汽车的下一代蓄电池的研发计划》	2021	在未来10年，将建立全固态电池等高性能蓄电池和抑制温室气体排放的蓄电池制造技术。使用汽车时的二氧化碳（CO_2）排放量占世界总量的16%。预计到2040年，该开发技术的实际应用将在全球范围内每年产生2.6亿吨的二氧化碳减排效果，搭载该技术的新车的销售市场规模将达到62万亿日元

日本对于电池回收的管理主要分三个层面：

一是对市民的指导方面：每年的11月11日为日本的"干电池日"，12月12日为"蓄电池日"，其活动包括在主要街道和向社会福利院以及残疾人捐赠电池和宣传品，向全社会宣传有关电池和环保内容。1984年，垃圾分类中明确规定废电池为有害物质，1985年要求人们分类回收干电池。

二是对电池厂家的管理：日本从1985年开始，要求电池生产厂家逐步实现无汞化，在1990年实现目标并在指导性意见中对废电池的回收，有关各方需要采取的步骤是：①降低干电池中汞含量，强化回收汞电池；②实施废碱性电池的区域性回收、处理；③建立区域性废碱性电池的回收处理体制；④建立相应的促进回收处理的组织：制造者积极协助。

三是对电池回收企业方面的管理：1985年日本提出建立相应的促进回收处理的组织。2001年日本经济产业省和环境省提出了二次废电池的回收以干电池工业协会组织有关团体进行废电池的回收。

日本废旧电池的回收，一般不由电池生产厂负责，而是选择具有冶金能力的工厂负责。回收的废旧电池主要由社团募集、电池生产厂收集（在各大商场和公共场所放置回收箱），以及地方市政部门回收。如果市政部门单独回收电池（不与其他垃圾混合），它们大部分会交由专业的电池处理商，如Nomura Kohsan Co., Ltd和Toho Zinc Co., Ltd处理和循环利用，剩下的没有被单独收集的废电池主要作为不可燃垃圾被安全处置。

5.3.2　全球管理规范特点及对比分析

发达国家电池的回收和利用一般是依据生产者责任延伸制度而建立的，意味着电池的生产者和进口商需承担废旧电池回收和循环利用的责任。电池回收的重点对象是含有有害物质的电池和二次电池，一次性电池在许多国家不强制回收。较多且方便的电池回收点可很好地促进电池回收，大量的教育活动可以很好地提升大众的认识并促进电池的回收。

美国的管理规范以美国国际电池协会颁布的规范为主，电池行业发展较快的州独立颁布其更为适合的管理规范。中国则由国家统一制定颁布电池回收过程所涉及的各个流程相关管理规范，以求每个相关流程都能有法可依。日本因对废旧电池回收立法起步早，通过基本法、综合法、专项法及各政令（省级令）补充性的政策、制度要求，形成了完善的法律体系。

对于电池回收各环节的相关管理规范，并非是每个国家都根据各环节问题单独规定相关规范内容，大多数欧美国家的相关内容包含于宏观法令政策中，从相关规范细致程度的不同，也可以反映出不同国家电池回收行业的发展程度及政策制定前瞻性。

5.4　电池回收相关技术标准

5.4.1　全球电池回收相关技术标准

全球电池回收相关技术标准见表 5–13 至表 5–17。

表 5–13　欧盟相关技术标准

标准编号	年份	主要内容
EN 60622	1995	涵盖对密封镍镉方形充电单体电池的技术标准
EN 61429	1997	使用国际回收标志 ISO 7000–1135 标记二次电池和电池组，该标准适用于铅酸电池（Pb）和镍镉电池（Ni–Cd）
EN 60623	2001	二次电池和含碱性或其他非酸性电解质的电池，排气式镍镉方形充电单体电池（IEC 60623:2001）
GENELEC EN 61960	2003	含碱性或其他非酸性电解质的二次电池和电池组，用于便携式设备的二次锂电池和电池组（IEC 61960, Ed. 1）
EN 60622	2003	含碱性或其他非酸性电解质的二次电池和电池组，密封镍镉方形充电单体电池（IEC 60622:2002）
CENELEC EN 61960	2004	含碱性或其他非酸性电解质的二次电池和电池组，用于便携式设备的二次锂电池和电池组（IEC 61960: 2003），部分取代 EN 61960-1:2001 和 EN 61960-2:2001 标准
EN 61960	2011	描述了用于便携式设备的二次锂电池和电池组的性能检测、名称、标记、尺寸和其他要求

表 5-14　德国行业标准

标准编号	年份	主要内容
DIN EN 61429	1997	使用国际回收标志 ISO 7000-1135 标记二次电池和电池组，EN 61429:1996 标准的德文版，该文件提出了对充电电池的标识规定
DIN EN 60622	1997	密封镍镉方形充电单体电池技术标准，EN 60622:1995 标准的德文版
DIN EN 61960	2001	用于便携式设备的二次锂电池和电池组，第一部分：二次锂电池
DIN IEC 61960	2002	含碱性或其他非酸性电解质的二次电池和电池组，用于便携式设备的二次锂电池和电池组（IEC 21A/340/CD:2001），第二部分：二次锂电池
DIN EN 60623	2002	二次电池和含碱性或其他非酸性电解质的电池，排气式镍镉方形充电单体电池（IEC 60623:2001），EN 60623:2001 标准的德文版
DIN EN 61960	2004	该国际标准规定了用于便携式设备的二次锂电池和电池组的性能检测、名称、标记、尺寸和其他要求。该标准旨在为二次锂电池和电池组的购买者和用户提供一套对不同生产商所制造二次锂电池和电池组的性能评价标准
DIN IEC 61960	2008	含碱性或其他非酸性电解质的二次电池和电池组，用于便携式设备的二次锂电池和电池组（IEC 21A/445/CD:2008）
DIN EN 61960	2012	含碱性或其他非酸性电解质的二次电池和电池组，用于便携式设备的二次锂电池和电池组（IEC 61960:2011）

表 5-15　荷兰行业标准

标准编号	年份	主要内容
NEN EN IEC 61429	1997	使用国际回收标志 ISO 7000-1135 标记二次电池和电池组，为电池指令 93/86/EEC 和 91/157/EEC 提供指导
NEN EN IEC 61960-1	2001	规定了二次单体锂电池的性能和安全注册、名称、标记、尺寸和其他要求，第一部分：二次锂电池
NEN EN IEC 61960-2	2001	便携式锂电池和电池组，第二部分：二次锂电池
NEN EN IEC 60623	2001	规定了排气式镍镉方形充电电池的通用要求、特征、标记、尺寸以及电气测试和机械测试的方法
NEN EN IEC 61960	2004	规定了用于便携式设备的二次锂电池和电池组的性能检测、名称、标记、尺寸和其他要求。旨在为二次锂电池和电池组的购买者和用户提供一套对不同生产商所制造二次锂电池和电池组的性能评价标准
NEN EN IEC 61960	2011	含碱性或其他非酸性电解质的二次电池和电池组，用于便携式设备的二次锂电池和电池组

表 5-16　挪威行业标准

标准编号	年份	主要内容
NS 9431	2000	废弃物分类标准
NS 9430	2002	生活垃圾收集和运输的通用合同条件
NS 9431	2011	水的分类标准
NS 9430	2013	废弃物定期收集和运输的通用合同条件

表 5-17　中国电池回收相关技术标准

技术标准	年份	备注
《一般工业固体废物贮存、处置场污染控制标准》	2020	本标准规定了一般工业固体废物贮存场、填埋场的选址、建设、运行、封场、土地复垦等过程的环境保护要求，以及替代贮存、填埋处置的一般工业固体废物充填及回填利用环境保护要求，以及监测要求和实施与监督等内容
《安全标志及其使用导则》	2012	规定了危险废物在收集、贮存、运输过程中必须遵守的各项规范要求
《车用动力电池回收利用拆解规范》	2017	规定了车用动力蓄电池包、模块拆解工作的总体要求、作业程序及存储和管理要求
《车用动力电池回收利用余能检测》	2017	规定了车用废旧动力电池的作业程序应按照严格检测流程和高安全性的要求来进行。其中对动力蓄电池余能检测的最重要过程——检测流程提出具体要求，包括外观检查、极性检测、电压判别、充放电电流判别、余能测试等步骤
《汽车动力蓄电池编码规则》	2017	规定了汽车动力电池编码基本原则、编码对象、代码结构和数据载体。根据电池编码，可以在动力电池生产管理、维护和溯源、电动汽车关键参数监控以及动力电池回收利用环节，凭借可追溯性和唯一性，准确确定动力电池回收的责任主体
《电动汽车用动力蓄电池产品规格尺寸》	2018	规定了装载在电动汽车上的动力蓄电池单体、模块和标准箱规格尺寸，包括锂离子蓄电池和金属氢化物镍蓄电池
《车用动力电池回收利用材料回收要求》	2018	规定了材料回收利用企业工厂对回收利用处理过程的总体要求、人员操作要求、场地要求以及处理技术要求，提出了回收率和计算方法《车用动力电池回收利用放电规范》

日本废旧电池企业适用 IS014001 标准，通过 IS014001 认证的废电池处理企业有：1999 年通过认证的 J&T 环境有限公司、2001 年通过认证的野村兴产株式会社。1973 年 12 月成立的日本野村兴产株式会社，是以一次性废弃电

池处理和废荧光灯处理为主的废弃物处理企业，1986 年被指定为废旧电池的广域回收、处理中心。

4R Energy 公司 2019 年关于电池循环利用的技术标准，取得了世界 UL1974 的认证。

日本采用"终极回收拆解商"模式构建电池回收利用体系，开展废旧电池回收工作。日本便携式电池回收中心（简称 JBRC）是一个义务回收电池企业法人机构，扮演着终极回收拆解商的角色。便携式电池首先被收集到各回收点，然后统一送至 JBRC，经过分选送至厂家进行资源再生处理（如富阳金属旗下的 recycle21、日本回收中心再生股份公司日本、磁力选矿公司、共英制钢公司等）。

锂电池回收方面，日本也延续了"终极回收拆解商"的模式。电动汽车制造企业（如丰田公司）和锂离子电池制造企业（松下、三星等）扮演了"终极回收拆解商"的角色。其正在基于已有的营销网络构建锂离子电池回收网络，成立专用的拆解中心，对回收的锂电池进行统一管理、运输、拆解和筛选，不具备应用价值的电池会被运送至专业化回收企业进行废旧金属的冶炼加工。

5.4.2　全球技术标准特点及对比分析

全球技术标准的区别在于欧洲及中国的相关技术标准由政府制定颁布，日本则将标准制定交由企业端，企业的标准通过认可之后，相关企业按标准进行生产加工。从标准制定等方面，中美的电池回收相关企业遵循第三方标准，有效竞争。日本企业发挥龙头作用，通过已有的营销网络构建了电池回收网络，并在此基础上进行行业标准制定。

全球的标准特点在于制定方式不同，所形成的技术标准有所差别，细节偏重各不相同，但都依据本国需要而定。

5.5　动力电池相关支持政策

5.5.1　支持政策

动力电池相关支持政策见表 5–18 至表 5–20。

表 5-18　欧盟各国的支持政策

国家	补贴和优惠政策	调整后的补贴和优惠政策
德国	自 2016 年 5 月 19 日起，在德国购买纯电动汽车和插电式混合动力汽车的客户将分别获得 4000 欧元和 3000 欧元的补贴，补贴费用由政府和汽车生产商共同承担，总额为 12 亿欧元。该补贴政策于 2015 年 7 月起生效，至发放完毕时终止； 在 2016 年至 2020 年间购买的电动汽车可以与家中另一辆车共用一个牌照，且车主只需要为两辆车缴纳一份保险； 纯电动汽车、插电式混合动力汽车和燃料电池汽车将享受免费停车、允许使用公交专用道等特权	补贴已发放完毕；没有制定新政策
挪威	在挪威购买电动汽车的客户可免除销售税和 25% 的增值税，并减少缴纳每年的牌照费	取消增值税减免政策；取消进口车型免关税政策
挪威	不对纯电动汽车征收登记税、进口增值税和公路税；驾驶电动汽车时可以占用公交车专用道，并享受免费充电、免费停车和免除城市通行费等特权	
荷兰	登记税：所有电动汽车和插电式混合动力汽车都无需缴纳该税费。插电式混合动力汽车必须额外为其排放的二氧化碳付费； 销售税：纯电动汽车无需缴纳该税费，插电式混合动力汽车则享受 50% 的折扣。从 2019 年起，二氧化碳排放量高且已超过 12 年的车辆需额外缴纳 15% 的销售税； 官方汽车使用税：纯电动汽车仅需缴纳 4%，插电式混合动力汽车和二氧化碳排放量高的汽车需缴纳 22%	2020 年 7 月起，荷兰将为私人购买电动汽车提供补贴。该补贴政策不适用于售价高于 45000 欧元的混合动力车型和纯电动汽车，但适用于符合条件的二手电动汽车。售价在 1200 至 45000 欧元间且最低行驶里程为 120 公里的纯电动汽车购买者将获得 4000 欧元的补贴；符合该条件的二手车购买者则可获得 2000 欧元

表 5-19　美国的支持政策

政策名称	年份	主要内容
《能源独立与安全法》（Energy Improvement and Extension Act）	2008	30D 条款针对新能源汽车出台专项税收抵扣政策
《美国复兴和再投资法》（The American Recovery and Reinvestment Act）	2009	纳税人自 2009 年 12 月 31 日以后新购置的符合条件的插电式混合动力汽车及纯电动汽车，可享受相对应的税收返还。返还金额具体计算方法：以车辆动力电池容量 5kWh 为起点，对应 2500 美元；大于 5kWh 的部分，417 美元 /kWh，上限 7500 美元

表 5-20　2020 年中国电动乘用车补贴调整方案

电动续航里程 R（工况法，公里）	2020 年国补（万元 / 辆）	2019 年国补（万元 / 辆）	能量密度（Wh/kg）	2020 年国补系数	2019 年国补系数
300 ≤ R < 400	1.62	1.8	125~140	0.68	0.8
R ≥ 400	2.25	2.5	140~160	0.765	0.9
—	—	—	≥ 160	0.85	1
2020 年技术要求	1. 纯电动乘用车工况法续驶里程不低于 300 km； 2. 根据纯电动乘用车能耗水平设置调整系数。按整车整备质量（m）不同，工况条件下百公里耗电量（Y）应满足以下门槛条件：当 $m \leq 1000$ 时，$Y = 0.0112 \times m + 0.4$；$1000 < m \leq 1600$ 时，$Y = 0.0078 \times m + 3.8$；$m > 1600$ 时，$Y = 0.0044 \times m + 9.24$。比门槛提高 0%（含）~10% 的车型按 0.8 倍补贴，提高 10%（含）~ 25% 的车型按 1 倍补贴，提高 25%（含）以上的车型按 1.1 倍补贴； 3. 纯电动乘用车 30 分钟最高车速、纯电动乘用车动力电池系统的质量能量密度、插电式混合动力乘用车能耗等指标要求和相应的补贴系数见《关于进一步完善新能源汽车推广应用财政补贴政策的通知》					

除美国政府所规定的政策补贴外，各级州政府均对购置新能源汽车有不同程度的补贴政策：如加州，1990 年实施"零排放车辆计划"并制定《零排放车辆法案》（ZEV Regulation），其中创新性地设计了新能源汽车的积分及积分交易制度，规定在加州销售达到一定数量的汽车品牌厂商，必须具备一定的新能源积分，积分可累计、可交易，不满足条件的需要缴纳罚金。

加州的清洁车辆补贴项目是推进清洁车辆普及率的另一大助力，并拓宽了补贴范围，目前包括 3 款燃料电池汽车（单车补贴金额 5000 美元）、21 款纯电动汽车（2500 美元）、17 款插电式混合动力汽车（1500 美元）及 13 款纯电动摩托车（900 美元）。

其他州如科罗拉多州则更为简单直接地对购买电动汽车提供最高 5000 美元的税收补贴，对租赁电动汽车提供最高 2500 美元的补贴。

中国 2020 年新能源政策较 2018 年、2019 年的新调整：

①整体补贴退坡，其中在 300km 续航以下的车型不再有补贴。

②建立价格门槛，新能源乘用车补贴前售价须在 30 万元以下（含 30 万元）。

③鼓励"换电"，拥有"换电模式"的车辆不受价格门槛的限制。

④申报数量要求，车企若申报补贴，单次申报车辆数量应达到 10000 辆。

⑤使用者要求，非私人用户（营运车辆）不可拿足额补贴（70%）。

⑥2020 年 4 月 23 日至 7 月 22 日为新政过渡期。

中国的政策支持主要体现在对新能源动力电池汽车行业的扶持上，但这一扶持政策的特点以逐步退坡为主，即每年扶持补贴较上一年都有所下降调整。

5.5.2　政策特点及分析

各国对新能源动力乘具的支持政策均体现在对消费者和企业进行不同程度的资金补贴，区别在于补贴力度大小及政策持续时间、补贴计算方法等细节差异。各国均从购买补贴刺激电动车消费来带动新行业的发展，以及企业补贴来刺激企业新能源研发投入。

参考文献

［1］李震彪，黎宇科. 发达国家动力电池回收利用法律法规研究 [J]. 汽车与配件，2019, 19: 65–67.

［2］董庆银. 动力电池回收利用中国实践案例 [R]. 北京：中国电子节能技术协会，2021.

第六章　动力锂电池的新应用场景

本章介绍了动力锂电池的现有应用场景和新兴应用模式。其中，现有的应用场景包括两轮电动车、电动汽车（包括乘用车、客车和重型卡车）、电动船舶和储能装置等几个方面。围绕换电技术描述了新兴的应用模式，包括两轮电动车、电动乘用汽车、电动重型卡车和电动船舶的换电模式的开发和应用。本章内容聚焦动力锂电池的市场现状、国家政策、技术路线、未来需求和发展趋势等方面内容。

6.1　现有应用场景

6.1.1　两轮电动车

6.1.1.1　全球市场发展现状

全球两轮电动车突破三亿保有量，中国市场引领全球。中国是目前世界上最大的两轮电动车生产、销售和出口国。历经 20 多年的发展，两轮电动车已经成为中国广大居民解决出行"最后一公里"问题的重要交通工具。根据国家自行车电动自行车质量监督检验中心在 2017 年发布的《中国电动自行车质量安全白皮书》以及工业和信息化部等部门的统计数据 [1]，如图 6-1 及图 6-2 所示，中国的两轮电动车保有量在 2020 年已接近 3 亿辆，占全世界总量的 90%。2021 年 1 ~ 8 月，全国两轮电动车完成产量 2388.8 万辆，同比增长 19.5% [2]。作为我国交通工具制造领域产量规模较大的制造产业，全国两轮电动车年产量从 2018 年起产量已逼近 3000 万辆，渗透率接近 7 成，但国内市场保有量趋于饱和，上升趋势显著放缓。造成这种现象的原因一方面是海外市场需求提升拉动出口增长；另一方面是新国标的实施正推动两轮电动车由数量向质量转变，存量替换成为维持行业发展的最大动力。

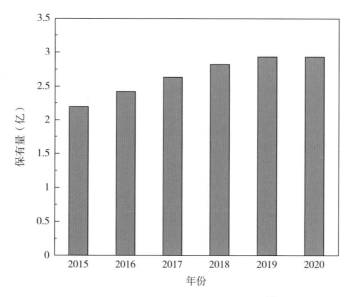

图 6-1　国内两轮电动车市场保有量 [1]

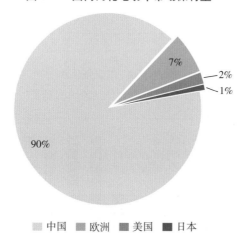

■ 中国　■ 欧洲　■ 美国　■ 日本

图 6-2　全球两轮电动车保有量百分比 [1]

　　海外市场电动化渗透率持续升高。根据电动自行车国际市场报告（Electric Bikes Worldwide Report，EBWR）和在线统计数据门户网站（Statista）披露的历年数据，亚太地区和西欧占据了全球电动自行车市场的绝大部分。其中亚太地区占据了电动自行车市场 94.39% 的市场份额，西欧的占比则为 4.60%[3]。相较于两轮电动车在中国的广泛应用，世界其他国家的两轮车辆仍然以燃油摩托为主，两轮电动车的发展十分有限，仍有较大增长空间。根据有关机构的统计数据[4]，美国（图 6-3）和欧洲市场在 2019 年度两轮电动车的销量分别达到了43万辆和300万辆，同比均呈大幅度增长态势（图6-4）。根据Technavio的预测，欧洲市场的两轮电动车销量到2022年前的平均增长率为18%，届时欧洲市场的年销量将超过450万辆。随着人们越来越意识到两轮电动车是一种十分经济、环保和便捷的交通工具，欧美各国的需求将会持续增长，两轮电动车的市场渗透率也将持续提升。

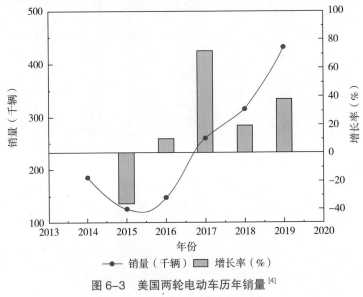

图6-3 美国两轮电动车历年销量[4]

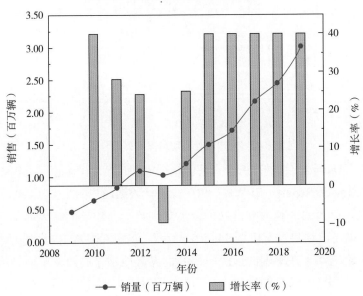

图6-4 欧洲两轮电动车历年销量[4]

6.1.1.2　各国政策的影响

我国旧国标时期宽松的约束条件促进了电动自行车的快速发展。庞大数量的电动自行车在便利人们生活的同时，也带来了诸如速度过快、结构不安全、质量不达标等一系列问题。为了解决这些问题，中国自 2019 年 4 月 15日开始实行强制性国家标准 GB 17761—2018《电动自行车安全技术规范》，即新国标（表 6–1）。新国标将两轮电动车按照整车重量、功率等指标分为电动自行车、电动轻便摩托车和电动摩托车三类，不符合规定的车辆将陆续被淘汰，尤其是对使用最广泛的电动自行车，新国标限定最高车速为 25 km/h，整车质量 (含电池) 为 55 kg，电机功率为 400 W。根据中国海关总署的数据[5]，2019 年和 2020 年电动自行车出口数量约 1900 万辆，可以假设 2019 年前新国标车辆占比为 0%，考虑到这两年的销量约 5600 万辆，可以初步估计出超标电动自行车保有量占比约 88%。随着各地新国标实施过渡期的结束，数量庞大的超标电动自行车将退出市场，由此将掀起一轮巨大的换车潮，两轮电动车正在进入一个全新的时代。

表 6–1　电动自行车安全技术规范主要要求

类别	电动自行车	电动轻便摩托车	电动摩托车
整车质量，kg	≤ 55	≥ 55	≥ 55
最高车速，km/h	≤ 25	≤ 50	≥ 50
电池电压，V	≤ 48	无限制	无限制
电池功率，W	≤ 400	≤ 4000	> 4000
是否载人	部分城市允许载 12 岁以下儿童	不可载人	可载一名成人
产品属性	非机动车	机动车	机动车
脚踏骑行	必须具有	不具有	不具有
产品管理	3C 认证	3C 认证及工信部目录公告	3C 认证及工信部目录公告
执行标准	《电动自行车安全技术规范》强制性标准	《电动摩托车和电动轻便摩托车通用技术条件》推荐性标准	《电动摩托车和电动轻便摩托车通用技术条件》推荐性标准

与此同时，海外各国对电动自行车市场的重视程度也越来越高。2020年，一些欧洲国家陆续出台补贴政策，鼓励民众骑行。其中，荷兰政府对电动自行车的补贴可以达到购买金额的 30% 以上；法国政府制定了 2000 万欧元的补贴计划，为骑车通勤的员工提供每人 400 欧元的交通补助；德国柏林政府重新规划道路标准，扩充临时自行车道等，以至于出现电动自行车"供

不应求"的场面。根据法维翰咨询公司（Navigant Consulting）报告预测，到2025年，全球电动公交车、电动两轮车（电动摩托车、电动自行车和电动滑板车）的产业规模会达到 622 亿美元，年复合增长率超过 10%[6]。

6.1.1.3 两轮车动力锂电池发展展望

两轮电动车的锂电化趋势明显。随着锂电池成本的不断下探，其综合优势得到凸显，预计铅酸蓄电池将被逐步淘汰。以中国市场为例，现有的 3 亿辆两轮电动车中约 2.6 亿辆为传统铅酸蓄电池，随着各地过渡期的结束，预计未来三年内将至少有 1 亿辆锂电池车辆的市场需求。按照每辆车 0.6 kWh 的电池容量来计算，则未来三年内市场对锂电池的需求量为 60 GWh。

6.1.2 电动汽车

6.1.2.1 全球市场发展现状

随着能源可持续和环境友好愿景正成为交通工具发展的主旋律，世界各国陆续发布了燃油车禁售时间表，全面使用电动汽车已是大势所趋。与此同时，各国对动力锂电池的技术研发也投入了大量资金，技术的进步使得成本大幅降低，电动汽车的售价越来越接近燃油车。虽然现阶段电动汽车在生产和使用中也会排放二氧化碳，但随着产业链上下游逐渐实现全环节的碳减排，最终电动汽车的低碳优势将更加凸显。

根据国际能源署发布的《2021 年全球电动汽车展望》报告[7]，在历经了 10 余年的高速增长后，截至 2020 年年底，全球电动汽车保有量达到 1000 万辆，比 2019 年增长 43%。总体而言，2020 年新冠疫情的大流行极大地影响了所有类型汽车的全球市场。2020 年上半年，新车注册量比前一年下降了约三分之一，下半年的强劲势头部分抵消了这一影响，最终导致 2020 年整体同比下降 16%。值得注意的是，在这样的背景下，2020 年全球电动汽车的销售份额增长 70%，达到创纪录的 4.6%（占全部汽车销售量）。2020 年全年电动汽车共注册 300 万辆，其中欧洲 140 万辆，中国 120 万辆，美国 29.5 万辆（图 6-5）。

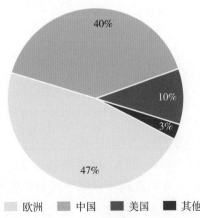

图 6-5　2020 年电动汽车全球注册量与市场占比

中国已成为电动汽车发展的领军者。根据中国公安部交通管理局数据统计，截至 2021 年 3 月份，中国新能源汽车（含电动汽车）保有量达 551 万辆，其中纯电动汽车 449 万辆，占比 81.5%[8]。在充电基础设施方面，根据中国电动充电基础设施促进联盟数据[9]，截至 2021 年 6 月，全国充电基础设施累计 194.7 万台，平均不到 3 辆电动汽车共用一个充电桩。随着电动汽车保有量不断上升，以及配套基础设施的不断完善，中国在技术、成本、资源、市场等方面已经形成全面优势。因此，中国的电动汽车发展现状最具代表性，也最值得关注。

在家用汽车方面，以中国的比亚迪汽车为例[10]：比亚迪秦 plus-dmi 是一辆综合续航超过 1200 km 的混合动力汽车，其起步价为 10.58 万元人民币，已与同级别普通燃油车无异；比亚迪汉 EV 是一辆搭载刀片电池的纯电动汽车，其续航里程达到 605 km，起步售价为 22.98 万元人民币，面对同级别燃油车也十分具有竞争力。

在商用汽车方面，以电动公交车为重点关注对象。根据中国汽车协会数据[11]，2020 年以宇通、比亚迪、南京金龙、湖南中车为代表的龙头企业共销售出约 7.3 万辆纯电动公交车。目前全国电动公交车保有量约 80 万辆[12]。从现有的运营结果表明，电动公交车在节能减排、维护保养、运营成本等方面比传统燃油公交车更具显著优势。

根据中国工业和信息化部的数据统计[2]，在目前汽车产销量总体下降的形势下，电动汽车逆势快速增长。2021 年 1～6 月，电动汽车产销分别完成 121.5 万辆和 120.6 万辆，同比均增长 2 倍。从车型看，纯电动汽车产销分别完成 102.2 万辆和 100.5 万辆，同比分别增长 2.3 倍和 2.2 倍；插电式混合动力汽车产销分别完成 19.2 万辆和 20 万辆，同比分别增长 1 倍和 1.3 倍；燃料电池汽车产销分别完成 632 辆和 479 辆，同比分别增长 43.6% 和 5.7%。

可以预见，随着电动汽车购车成本的不断下降，充电和换电基础设施的不断完善，再加上其先天具备的使用成本低廉的优势，电动汽车在中国市场的渗透率将持续攀升。

欧洲市场正与中国齐头并进，欧洲在 2020 年首次在销量上超越中国，成为全球最大的电动汽车市场。作为欧洲最关注环保的国家，挪威在电动汽车发展方面最值得关注。根据挪威公路联合会（OFV）的数据统计，2020 年该国电动汽车销量占所有汽车的 54.3%（图 6-6），成为全世界首个全年度电动汽车销量超过燃油汽车的国家[13]。挪威政府出台了一系列的政策规定，鼓励消费者和地方政府推广并且使用电动汽车，具体措施包括购买或租借电动车可获得大金额税务减免，以及为私人和公共充电设施的建设维护提供政策补贴等。除了购买电动车，在日常用车中，电动汽车的车主也能获得诸多便利和权益，比如电动汽车免受停车场和高速公路车道的限制，还有电动汽车可以在使用收费公路、汽车渡轮和缴费停车场时享有不同程度的折扣优惠。与此同时，挪威的电动汽车配套设施也十分完善，在挪威，电池充电问题已彻底解决，道路两旁的充电站、全国各地的酒店，甚至包括偏远地区的民宿旅馆，都可以进行充电。更值得一提的是，挪威将全面禁售燃油车的目标定在了 2025 年，这将对全世界碳减排起到带头示范作用。

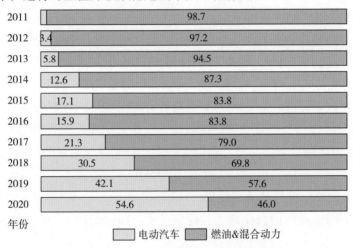

图 6-6　挪威近 10 年电动汽车与燃油汽车市场占比 [13]

美国是继中欧之后的重要增长极。国际能源署数据 [7] 显示，2020 年美国的电动汽车销售量为 29.6 万辆，低于 2019 年的 32.8 万辆，呈下降趋势。虽然美国落后于中欧，但其强大的汽车工业实力和政策决心不容小觑。2021 年 3 月 31 日，拜登政府发布的美国《基础设施计划》，提议投资 1740 亿美元支持美国电动汽车市场发展，内容涉及完善国内产业链、销售折扣与税收优惠、2030 年前建 50 万个充电桩、校车公交及联邦车队电动化等。5 月 18 日，美国总统拜登在密歇根州福特工厂内发表演讲时表示，电动汽车是"汽车工业的未来"，而中国在这场竞赛中"领先"，呼吁美国迅速行动，夺回行业领先地位。根据白宫报道，拜登签署了一项行政令，为全美汽车行业定下一个新的全国目标：在 2030 年前，电动汽车销量提升到美国所有新售汽车的 50%。凭借雄厚的技术实力和政府支持，美国市场预计将成为全球电动汽车市场重要的增长极。

6.1.2.2　细分领域—电动乘用车

电动乘用车将是未来动力锂电池在汽车领域应用最广泛的场景，其中普通乘用车占比最高。根据世界汽车工业协会官网的数据[7]，2020年度全世界汽车销量共7797万辆，其中乘用车5560万辆，占比为71.3%。根据中国汽车工业协会发布的《2020年汽车工业经济运行情况》，2020年度全年共销售2017.8万辆乘用车，占全部类型汽车销量的79.7%，其中纯电动乘用车100万辆。

尽管乘用车在汽车领域中市场占比最高，其在碳排放方面却不是最多的（图6-7）。欧洲环境署[14]对汽车CO_2排放的测试结果显示乘用车和轻型货车的排放量占交通运输领域的13%。2019年中国能源版块共消耗47亿t标煤，汽油消耗1.3亿t。若按照普通乘用车2亿辆，平均每辆车全年行使0.5万公里共耗油350 L估算，则全年乘用车共消耗汽油仅0.5亿t。按照1 kg标煤产生2.5 kgCO_2，1 kg汽油产生3.15 kgCO_2计算，普通乘用车的碳排放只占不到3%。

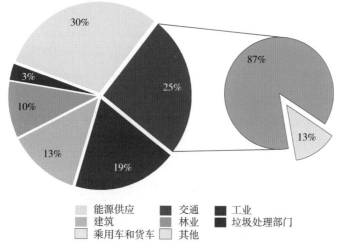

图6-7　不同行业CO_2排放占比（含乘用车排放在交通运输领域排放占比）

各国政策鼓励发展电动乘用车。中国《新能源汽车产业发展规划（2021—2035）》中明确提出，纯电动汽车将成为新销售车辆主流。在这一背景下，中国政府出台了具体的激励措施。2017年，工信部发布《乘用车企业平均燃料消耗量与新能源汽车积分并行管理办法》（简称："双积分"政策），"双积分"政策使得乘用车企业面临双重压力，一方面必须努力降低传统燃油车的油耗水平，进而降低负积分；另一方面必须加大力度发展电动汽车，从而积累正积分。同时该政策允许电动汽车正积分用于抵消传统燃油车的负积分，这将促进乘用车企业将产能更多转向电动汽车。补贴政策的退坡标志着中国电动汽车的发展进入了新的阶段，为了适应新的发展要求，2020年中国修改了"双积分"政策，优化了积分的方法。中国电动汽车市场的主题从快速发展转向健康合理发展。2021年7月，欧盟正式发布"Fit for 55"的一揽子立法提案，旨在通过能源、交通、税收等政策实现到2030年至少减排温室气体55%的目标（以1990年温室气体排放为对比基准），并在2050年实现碳中和。该法案要求新增乘用车和商用车的平均排放量2030年较2021年下降55%，2035年下降100%，从而加速向零排放汽车的过渡。此项法案的提出基本预示着2035年以后，传统燃油汽车将彻底退出欧洲销售舞台。

6.1.2.3 细分领域—电动公交车

电动公交车是动力锂电池推广初期最成功的应用场景。在动力锂电池应用的初期阶段，人们首先将目光投向了城市公交车领域。由于公交车具有路线固定、续航里程较短、基础设施改造便捷、夜间补电方便的特点，而城市的发展也需要公交车辆零排放、低噪音，所以公交车是动力锂电池最合适的应用场景之一。中国在公交车电动化方面是全球的领导者。根据世界能源署数据[7]，截至2020年，全世界电动公交车的保有量为51.5万辆，其中中国保有量为50.2万辆，占比97.5%。此外，中国生态环境部官网数据[15]显示，目前中国电动公交车总体渗透率已达到60%，深圳、珠海、长沙等城市已经实现了公交车的100%电动化。海外方面，2020年以来欧洲部分国家公交车电动化发展显著提速，其中丹麦、卢森堡、荷兰等国家的新能源公交车（含电动）销售占比均超过66%。尽管电动公交车快速扩张，但电池衰退快一直是纯电动公交车的痛点。作为公共运营车辆，电动公交车全生命周期都处于高频率充放电、高负载运行的状态，其锂电池的衰减进程被大幅度提前。根据《南方都市报》在2018年的报道，深圳市巴士集团二公司某型号的60台纯电动公交车发生了电池性能普遍衰退，该批车辆使用仅5年，续航里程最低为50公里。过低的续航能力导致更加频繁充放电，大大降低了动力锂电池使用寿命，报废期将比乘用车更早到来。

各国政策大力推动公交车电动化。中国《新能源汽车产业发展规划（2021—2035）》中提出，2035年将实现公用领域用车全面电动化。2020年底，中国财政部下发《关于提前下达2021年节能减排补助资金预算（第一批）的通知》，明确2021年共安排新能源汽车补贴375.8亿元，其中新能源公交车运营补助 156.89 亿元，占比 41.74%。从此次补贴金额分配情况可以看出，今后中国将加大在公共领域的新能源汽车推广和应用工作，利好公交车电动化率的进一步提高。与此同时，2020 年欧洲各国在政策上纷纷发力。法国推出的《法国复原力和恢复计划》中规定购买一辆电动公交车可以补助 3 万欧元；德国宣布对 80% 的电动公交车提供财政补贴；英国发布《绿色工业革命十点计划》，宣布将投入 50 亿英镑用于加速公交车的电动化，并计划在 2021 年投入 1.2 亿英镑来引入 4000 辆本国制造的零排放公交车；波兰宣布提供 2.9 亿欧元补贴，要求人口超过 10 万人的城市在 2030 年实现全部公交车零碳排放。

电动公交车动力锂电池装机量预测：根据世界能源署的预计[7]，在现行政策背景下，到 2030 年，电动公交车保有量将达到 321.8 万辆；假设兼顾成本效益条件下实现可持续化发展目标，预计电动公交车保有量将达 510.4 万辆。按照平均每辆纯电动公交车 200 kWh 的装机量来估计，则到 2030 年，纯电动公交车的电力电池需求量将达 643.6 GWh 至 1TWh。

6.1.2.4　细分领域—电动重型卡车

重卡电动化具有显著的环境效益。2021 年，中国生态环境部发布《中国移动源环境管理年报（2021）》[16]。该年报显示 2020 年度全国机动车四项污染物（一氧化碳 CO、碳氢化合物 HC、氮氧化物 NO_x、颗粒物 PM）排放总量达 1593.0 万 t，其中汽车排放的污染物占比高达 93.3%，重型货车在氮氧化物和颗粒物的排放量上分别占所有汽车的 75.4% 和 46.9%（图 6-8 和图 6-9）。

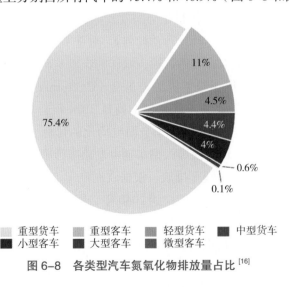

图 6-8　各类型汽车氮氧化物排放量占比[16]

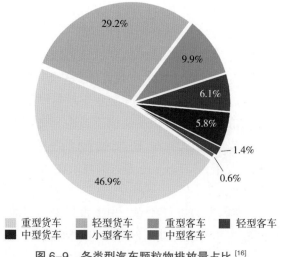

图 6-9　各类型汽车颗粒物排放量占比 [16]

根据中国交通运输部发布的《2020 年交通运输行业发展统计公报》[17]，全国拥有 1110 万辆各类卡车。数据显示，重型卡车（车身毛重超过 3.5t 的重型商用车，含重型货车和各种重型专用车）虽然占汽车保有量不到 5%，但却是污染物排放大户。实现重型卡车的电动化将助推道路交通运输领域的节能减排，取得显著的环境效益，重型卡车的电动化势在必行。

电动重卡得到各国的政策支持。2020 年 10 月，中国工业和信息化部发文，对宁德时代董事长曾毓群在当年两会期间提出的《关于全力推进工程机械和重卡等公共服务领域车辆电动化　打赢蓝天保卫战形成全球产业高地》的提案进行了答复。工业和信息化部高度赞同发展电动重卡，并于当月宣布实施《推动公共领域车辆电动化行动计划》，对重卡试点应用进行了重点部署安排，旨在促进电动重卡在短途运输、城建物流以及矿场等特殊场景的应用。2020 年，美国加利福尼亚空气资源委员会（California Air Resources Board）宣布了一项重要的政策，要求汽车制造商从 2024 年起更多地出售零排放车辆，争取在 2045 年前实现大型卡车全面电动化的目标。此后，美国的 14 个州纷纷响应该政策，承诺将提高大型车辆电动化渗透率，确保 2050 年之前生产的所有中重型汽车都达到零排放。根据欧洲汽车工业协会的信息，2020 年底欧洲的卡车制造商们一致承诺：到 2040 年，销售的重型卡车将实现全面零排放，在 2050 年达到完全的碳中和。鉴于现实与目标的巨大差距，欧盟正同各国政府一道，加速建设电动重卡充电网络，同时制定连贯的政策框架来支撑该行业发展。

电动重卡动力锂电池装机量预期将快速增长。根据世界能源署（IEA）的统计[7]，截至 2020 年年底，全世界纯电动重卡保有量约 3.1 万辆。2020 年度，全世界电动重型卡车的销售量为 7470 台，其中纯电动卡车 7409 台，占比高达 99.2%，比上一年度增长了 13.3%。同时 IEA 预计，在各国现行政策背景下，从 2020 年到 2030 年，纯电动重卡的保有量将达到 86 万辆；假设兼顾成本效益条件下实现可持续化发展目标，2030 年纯电动重卡的保有量预计将达到 200 万辆。从 3.1 万辆增加到 86 万辆，十年之间，全世界重卡年度复合增长率将高达 267%。按照平均每辆重卡锂电池装机量 300 kWh 来计算，到 2030 年，全世界纯电动重卡的动力锂电池装机量保守估计将达到 258 GWh，乐观估计将达到 600 GWh。无论是对上游的材料厂商，还是电池制造商，这都是一个巨大的市场。

成本、重量和续航是电动重卡的三大痛点。近年来，磷酸铁锂、三元锂等材料价格不断下探，据 CBC 金属网统计，磷酸铁锂从 2017 年约 1800 元 /kWh 降低到 2022 年约 730 元 /kWh，三元锂也从 2017 年约 1700 元 /kWh 降到了 2022 年约 785 元 /kWh。按照前文每辆重卡 300 kWh 动力锂电池装机量估算，重卡的电池成本将降低到平均每辆 21.9 万。尽管如此，目前电动重卡的整车购入成本仍然居高不下，价格超出同级别燃油车 1 倍。虽然后期的使用成本有优势，但是初期购车成本过高将使很多人在选择电动重卡时望而却步。同时，汽车制造商为了确保车辆的续航，往往给电动重卡安装很多电池组，导致车身重量大增。以大运与沃特玛开发的纯电动 6X4 牵引车为例，该车净重 14 t，光动力锂电池就达到 7 t，占车身重量的一半。这不仅降低了运输的效率，同时也会对路面设施造成危害。续航短是电动重卡的普遍问题，市面上的纯电动重卡续航里程为 200 ~ 400 km。另外，充电设施未充分普及限制了电动重卡的使用。

总而言之，重卡电动化是大势所趋，大部分国家也制定了紧密的推动计划。无论是现行政策还是实现碳减排的目标，都对重卡电动化提出了紧迫的发展要求。但面对庞大的市场，不宜过于乐观，要着眼于解决当下的痛点问题。正如欧洲汽车工业协会总干事所言：实现重卡电动化，不仅取决于采用的技术，更重要的是要有部署合理的基础设施和成本承担的转移。

6.1.2.5　汽车动力锂电池发展展望

在电池材料方面，磷酸铁锂与三元锂的能量密度不断提升。2021 年 1 月 8 日，国轩高科在合肥宣布，其所生产的磷酸铁锂软包单体电池的能量密度达到 210 Wh/kg，比肩三元 NCM5 系的水平；2021 年 6 月 20 日，鹏辉能源公司对外宣布磷酸铁锂电池能量密度也突破 200 Wh/kg；作为全球动力锂电池龙头企业，宁德时代也计划通过对磷酸铁锂材料体系的设计与优化，将其能量密度提升至 200 ~ 230 Wh/kg。在三元锂电池方面，宁德时代开发的高镍化学体系电芯系统能量密度达 215 Wh/kg，从其材料体系路线来看，预计在 2024 年超高镍 + 硅体系可以达到 400 Wh/kg 的电芯单体能量密度。在钠电池方面，第一代钠电池的能量密度达 160 Wh/kg，已经与一般的磷酸铁锂电池水平相当，未来的第二代产品有望达到 200 Wh/kg。

在结构方面，行业头部企业开始关注无模组技术（CTP，Cell to Pack），致力于提高系统的结构集成效率。比亚迪的磷酸铁锂刀片电池是该领域的典型代表，该技术将电芯做成又薄又长的刀片状，取消了电池壳体结构梁，转而利用片状电芯充当结构梁。这些创新性的结构改造，在提升了安全性的同时，也使得电池系统的体积利用率从传统的 40% 提升到 60%。2021 年 3 月，广汽发布"弹匣电池"，使用了三元锂电池，同时据称能做到针刺不起火、超高耐热、超强隔热、急速降温，弹匣电池一时备受关注。相比于刀片电池，弹匣电池虽然在体积能量密度上稍逊一筹，但由于实现了三元锂电池的高度安全管控，引起了市场高度青睐。两种结构的电池各有所长，反映了动力锂电池在结构技术上的不断进步。

在电池装机量方面，未来十年内市场需求将大增。根据世界能源署（IEA）的统计[7]，在各国现有政策背景下，2030 年全球纯电动乘用车为 800 万辆，电动公交车为 322 万辆，电动重卡为 86 万辆。按照三者动力锂电池容量 80 kWh、300 kWh 和 300 kWh 来计算，未来十年动力锂电池的市场需求将达 5.8 TWh，市场空间巨大。

6.1.3 电动船舶

6.1.3.1 行业发展背景

国际海事组织（IMO）于 2018 年发布航运温室气体减排初步战略（图 6-10），提出到 2030 年全球航运业温室气体排放总量较 2008 年水平至少降低 40%，并努力争取到 2050 年实现降低 70%，最终在本世纪末实现 CO_2 零排放。面对航运业节能减排日益加大的压力，全球范围内许多国家港口已实施严格的船舶排放标准，倒逼船舶制造往清洁化方向转变。相较于传统的船舶动力系统，电力推进具有零排放、技术附加值高、易于集成化和标准化、运营成本低等优点，生态优势和综合效益明显。在此背景下，电动船舶的发展速度在近几年尤为显著，市场规模也快速扩大。

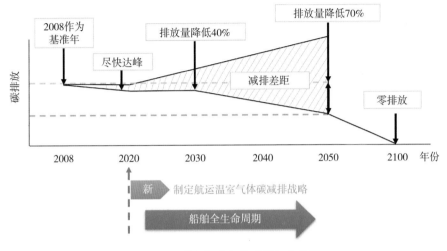

图 6-10　航运温室气体减排初步战略

数据来源：DNV GL[18]。

6.1.3.2　各国政策支持

挪威是全球电动船舶的领导者。为提高在航运业的竞争优势和核心地位，挪威在 2019 年制定《绿色航运行动计划》，提出到 2030 年力争将国内航运和渔业排放量减少一半。为促进港口温室气体的减排，挪威政府将与各级市政府和港务局合作，力争到 2030 年实现各港口无排放。通过实施《绿色航运行动计划》，挪威在国际航运绿色转型中发挥着主导作用。该计划根据船只类型设计不同的低排放和零排放技术，如纯电池动力技术适合于轮渡、游船等短途运输或常规航线的船舶，混合动力技术适合于国际客运渡轮、货船等长途运输的船舶。

挪威船级社（DNV GL）为推广电池和电力技术在船舶推进方面的应用开发了多款工具，如电池动力的试行入级规范、大型海运电池系统的导则、电池相关系统资质认证的新工具、电池准备服务（技术性、经济性和环保性能分析）、电池估算和优化工具以及海运电池系统的入门课程。

韩国政府于 2021 年初发布了韩国绿色船舶中长期规划，即《2030 Greenship-K 推进战略》。该规划主要推动方向涉及先进环保船舶技术研发、完善新技术产业应用的试验基础条件、推进韩国型实船验证项目、燃料供应基础设施及操作体系建设、绿色船舶普及推广、建立绿色船舶市场生态体系等六大方面。为确保未来绿色船舶技术世界领先，韩国支持 LNG 动力、电力、混合动力（hybrid）等核心配套装备国产化和升级，大力支持并推进混合燃料等低碳船舶技术，氢、氨等无碳船舶技术等一系列绿色船舶技术及配套装备的体系化、综合性技术开发。通过该规划的实施，力争实现船舶温室气体从 2020 年减排 20%，到 2025 年减排 40%，最终达到 2030 年减排 70% 的目标。

近年来，随着对环保的重视程度越来越高，中国政府对船舶柴油机废气排放提出了新的要求。2018 年 7 月，国务院发布《打赢蓝天保卫战三年行动计划》，提出推进船舶柴油机排放标准升级并扩大排放控制区，交通运输部发布了《船舶大气污染物排放控制区实施方案》，要求扩大排放控制区范围，逐步提高排放标准，此外还包括出台《推进珠江水运绿色发展行动方案（2018—2020 年）》等。不过，从内容上看，这些文件更为关注 LNG 动力和岸电技术的应用，对电池动力船舶技术推广作用有限。2019 年 10 月，国家发展和改革委员会发布《产业结构调整指导目录（2019 年本）》，新增"纯电动和天然气船舶；替代燃料、混合动力、纯电动、燃料电池等机动车船技术；混合动力、插电式混合动力专用发动机，优化动力总成系统匹配"为国家鼓励类产品，该目录已于 2020 年 1 月 1 日起正式实施。

6.1.3.3 全球市场发展现状

根据 Maritime Battery Forum（国外一电池信息发布的论坛网站）的数据统计（图 6-11），截至 2021 年 7 月 21 日，全球范围内营运中和拟建造电动船

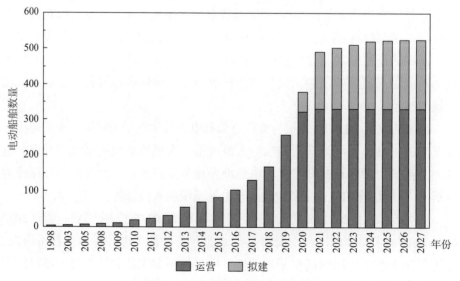

图 6-11 全球电力船舶市场规模

数据来源：Maritime Battery Forum 2021[18]。

舶共 490 艘，其中运营中船舶 330 艘，拟建造船舶 160 艘。从 2021 年至 2027 年，运营中的电动船舶数量几乎没有变化，而拟建造船舶从 2021 年的 160 艘增长至 194 艘，呈现出较快的增长。根据 "Markets and Markets" 的研究，全球电力船舶市场规模预计将从 2019 年的 52 亿美元增长到 2030 年的 156 亿美元，2025 年至 2030 年的年度复合增长率预计为 13.2%[18]。

"Ampere" 号—挪威（2015 年）。世界首艘大型纯电力推进船舶 "Ampere" 号由 Norled 公司拥有和营运、Fjellstrand 设计建造并入级 DNV GL 的汽渡船是铝制的纯电力驱动的双体船，不仅拥有创新的推进系统，而且船体设计也极为高效，2015 年开始商业运营。这艘船长 80 m，搭载 1040 kWh 的 NCM 电芯电池组，能运载 120 辆汽车和 360 名乘客，用于挪威 Lavik 与 Oppedal 两座城镇之间横跨松恩峡湾的运输[19]。

该船每天共发 34 班，每班航行时间为 20 min。在港期间，船上 1 MWh 锂聚合物电池组只需 10 min 即可充满。由于船舶充电所需的电力超过了 Lavik 与 Oppedal 城镇电网的负荷，因此两个港口都安装了缓冲电池组。这些缓冲电池可由电网持续充电，并为渡船电池快速充电。

"Ellen" 号—丹麦（2015 年）。"Ellen" 号于 2015 年开始建造，2019 年开始运营，耗资 2130 万欧元。该船长度接近 60 m，宽度约为 13 m，行驶速度为 24 ~ 28.7 km/h，在夏季能运载 198 名乘客，冬季能运载 147 名乘客。该渡轮的露天甲板还能运载 31 辆汽车或 5 辆卡车。该渡轮的电池容量为 4.3 MWh。充满电后的续航里程约 40.7 公里。该渡轮航行于丹麦艾尔岛和菲英沙夫之间 40.7 km 水路，行驶里程为之前全球运营的任何其他电动渡轮的 7 倍[19]。

为了减轻自身重量、确保渡轮使用尽可能少的电力，"Ellen" 号的驾驶台由铝材代替钢材制成，船上家具由再生纸代替木材制成。"Ellen" 号配备的 4.3 MWh 电池系统是具有独特安全特性的高能 G–NMC 锂电池（由 Leclanche 公司提供），包括双层叠层设计和陶瓷隔板，电池系统分为 20 个单元，每个单元连接控制能量输出的独立转换器。"Ellen" 号成为全球首艘未配备应急备用发电机的电动渡轮。

"长江三峡 1" 号—中国。2020 年底，由宁德时代、中国长江电力股份有限公司与湖北宜昌交运集团股份有限公司共同研发的全球最大纯电动绿色商用船舶 "长江三峡 1" 号正式动工。这艘邮轮预计投资将达 1.5 亿元，可容纳 1300 个位置，是目前世界上设计建造的电池容量最大、客位最多、智能化水平最高的纯电动客船。在电池容量方面，"长江三峡 1" 号做出了重大突破，船舶内部所搭载的是宁德时代磷酸铁锂动力锂电池，总电量可达 7.5 MWh，相当于 100 辆以上电动汽车电池容量的总和，每晚充电 6 h，续航 100 km[20]。

"滇景号"—中国。2021 年 7 月，由中创新航配套的纯电动豪华游船"滇景号"完成首次试航，标志着中创新航在电动船舶市场的进一步拓进。"滇景号"总长 41.5 m，型宽 9 m，型深 2.3 m，搭载中创新航模块化船舶电源系统标准化产品，电池容量 1200 kWh，航速可达 15.5 km/h，满载客容量为 200 人，是内陆湖可载客人数最多的纯电动旅游船[21]。"滇景号"具有优越的抗风浪、抗倾斜能力，船舶采用纯电力推进系统，相较于传统燃油系统具备噪声小、无污染的特性，是集平稳、舒适、环保等优势于一身的，优秀的滇池"水上巴士"。乘客在乘坐"滇景号"环游滇池，尽情欣赏优美风光的同时，还能尽最大可能保护当地环境。

6.1.3.4　电池技术路线

从电池技术种类分类来看，根据 Maritime Battery Forum 2018 年的数据[18]显示，电动船舶中，使用三元 NMC 电芯的占比最高，大概在 60% 左右，其次是磷酸铁锂（$LiFePO_4$），占比大约在 15%。这是因为国外在电动船舶领域发展较早，而早期磷酸铁锂的能量密度较低，不少国家倾向于三元 NMC 电芯的动力锂电池，以满足续航要求。考虑到三元 NMC 电芯电池的安全隐患，船用三元 NMC 大多镍含量较低。

与汽车动力锂电池不同，船用动力锂电池对安全性的要求极高。由于船舶载客量大，尤其是观光船、接驳船，加上船载电池带电量巨大，一旦发生起火或爆炸事故，人员难以逃生，所以船舶电池事故风险的容忍度极低。相比三元锂电池，磷酸铁锂电池在安全性上有先天的优势，同时耐高温性能、成本和寿命也要好于三元锂电池。因此，中国选择了一条与其他国家截然不同的路线，即电动船舶动力锂电池全面采用磷酸铁锂。

近期，宁德时代正式发布了第一代钠离子电池[22]。其电芯能量密度已经达到 160 kWh/kg，与磷酸铁锂电池十分接近，同时有具集成效率高、快充性能好、低温性能好的特点，弥补了磷酸铁锂的不足。此次宁德时代提出了"集成混合共用"系统方案，即在电池模组中将钠离子电池和锂电池按照一定比例进行串联和并联，实现取长补短，这或许可为船舶动力锂电池的技术路线提供了一种新的选择。

6.1.3.5　船舶动力锂电池发展展望

截至 2018 年，中国的长江与京杭大运河等内河流域有超过 6 万艘的各类船舶，吨位总计达 1.95 亿 t，按照每吨 1.3 kWh 的带电量和 50% 的电动化率来计算，仅 2018 年的船舶锂电池市场需求就超过 100 GWh，但 2020 年中国船用锂电池实际出货量仅为 75.6 MWh，市场规模为 0.95 亿元[23]。

一边是庞大的市场空间，另一边是很低的锂电化率。其原因是：一是技术方面，电动船舶的续航能力偏弱，电量补充慢，导致运营效率低下；二是标准方面，电动船舶的相关标准不完善；三是政策方面，缺少像电动汽车一样强有力的推动政策；四是商业方面，由于换电站的投入成本高，目前未能建立起成熟的商业模式。目前参与电动船舶市场的只是一些有一定技术和资金实力的头部企业，未来要盘活电动船舶市场，产业链的上下游企业必须协同推进，突破关键技术，完善配套设施。

6.1.4 储能装置

6.1.4.1 细分领域—V2G 技术

V2G 技术实现动力锂电池与电网的深度融合。V2G（Vehicle to Grid）是一种车辆与电网的关系。由于新能源汽车，尤其是电动汽车的数量快速增长，庞大的充电储能需求在给电网端带来巨大压力的同时也提供了机遇。V2G 技术可以实现动力锂电池与电网的互动：在电网用电低谷阶段，电池从电网获得电能补充；在电网用电高峰阶段，电池可以将储存的能量反馈到电网中，同时获取一定的收益。这种双向的良性互动一方面提高电网端电能的利用效率，增强电网的稳定性和安全性，实现"削峰填谷"；另一方面也可以为车主、车辆运营商、充换电站等各方带来新的收入。

美国的绿色能源技术公司 Nuvve Corporation 是 V2G 技术的先行者，其拥有的核心专利和技术可以实现将多辆电动汽车连接到虚拟的中间发电厂，并以合规且安全的方式与电网连接，实现双向充放电。该公司与丹麦政府合作的 Paker 项目在 2016 年至 2018 年期间，打造了世界上首个完全商业化的 V2G 中心，较好地实现了 V2G 技术的商业运营。参与该项目的第一批试验车辆有 30 辆，根据协议和市场价格，这批车辆的车主将会在车辆寿命终止时（8 年左右）获得约 1 万美元的收入。

2020 年中国国务院办公厅发布的《新能源汽车产业发展规划（2021—2035）》中提到，推动新能源汽车与能源融合发展，要加强新能源汽车与电网（V2G）能量互动，加强高循环寿命动力锂电池技术攻关，推动小功率直流化技术应用，鼓励地方开展 V2G 示范应用，统筹新能源汽车充放电、电力调度需求，综合运用峰谷电价、新能源汽车充电优惠等政策，实现新能源汽车与电网能量高效互动，降低新能源汽车用电成本，提高电网调峰调频、安全应急等相应能力。

近年来，中国多省市陆续启动了需求响应市场，积极探索车网能源互动。其中，上海市因走在新能源汽车发展前列，其试点项目最具有示范意义。2020年6月3日，中国电动汽车百人会与自然资源保护协会联合发布《电动汽车与电网互动的商业前景——上海市需求响应试点案例》报告[24]。在这次试点项目中，动力锂电池通过私人充电桩、公用充电桩和换电站三类具备双向充电的平台接入电网。报告显示，在需求响应聚合商的充电桩投资成本固定和响应补偿单价确定的情况下，参与需求响应的频次决定了收益水平。据测算，年均响应次数达到10次，私人充电桩参与需求响应的内部收益率可达27%；专用桩的需求响应参与度明显高于私桩，其年均响应次数达到10次，内部收益率接近50%；换电站因具有较强的充电时间管控能力，参与需求响应的经济性相比前两者更显著。截至2019年，上海市私人充电桩达19万个，公用和专用充电桩分别为5万和4万个。在这次试点过程中，私人充电桩响应率仅为5.3%，而专用充电桩和换电站的响应率分别高达75%和81.2%。

该报告显示，动力锂电池通过V2G技术成为分布式储能装置在技术上是可行的，在市场上是有很大空间的。发展V2G，接下来需要重点关注以下方面：一是大幅提高动力锂电池的循环寿命和能量密度；二是要探索可持续的商业模式，逐步建立稳定的市场机制；三是做好政策保障，设计合理的激励政策，充分挖掘私人充电桩的潜力，同时做好行业标准体系建设。

6.1.4.2 细分领域—梯次利用

（1）政策促进，退役动力锂电池梯次利用迎来发展机遇

随着电动汽车电池第一波退役潮的到来，政府和企业都意识到退役动力锂电池的回收利用的重要性。早在2012年，中国国务院就发布《节能与新能源汽车产业发展规划（2012—2020年）》。该规划指出，要制定和建立动力锂电池回收利用的管理办法以及梯级利用和回收管理体系，鼓励发展专业化的电池回收利用企业。退役电池往往还具备80%左右的容量，具备相当长的循环寿命，因此可以用来作为储能装置。在此背景下，不少企业纷纷布局梯次储能电站。

2018年5月22日，江苏常能新能源科技有限公司的锂电池梯次储能电站在武进国家高新区创新产业园落成并交付使用。该电站使用退役动力锂电

池，总容量达 10 MW。

2018 年 6 月份，上海某工业园能源中心投建的 50 kW/150 kWh 储能集装箱在长城电源工厂完成组装测试，并顺利出货。本项目的 150 kWh 锂电池全部采用电动汽车退役动力锂电池，电池包未经拆解直接梯次利用。

2018 年 9 月 1 日，目前国内 1 MW/7 MWh 梯次利用工商业储能系统项目在江苏南通如东成功投运。该项目由中恒电气旗下煦达新能源和中恒普瑞联合承建，已由南通供电局组织验收并装表计量，实现商业化运营。其中，煦达新能源主要依靠储能变流器和管理系统开发的优势，以独创的组串式储能变流器结合电动汽车退役动力锂电池搭建了梯次锂电储能系统。

2019 年 8 月，由深圳市比克动力锂电池有限公司与南方电网综合能源服务公司，共同建成的 2.15 MW/7.27 MWh 梯次电池储能项目成功投入运营[25]。作为用户侧储能项目，其将应用于工商业园区，主要功能是实现用电负荷的削峰填谷、提供电力辅助服务。

据彭博新能源财经统计[26]，截至 2021 年 5 月，已投运的退役动力锂电池梯次利用储能项目装机规模达到 5.5 GWh。退役动力锂电池规模预计将在 2030 年后激增，到 2035 年年度梯次利用产品供应规模有望达到 276 GWh（图 6-12）。

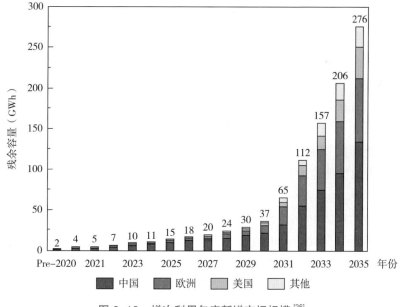

图 6-12　梯次利用年度新增市场规模[26]

（2）安全事故频发，退役动力锂电池梯次利用遭遇低谷

近几年来，世界范围内已经发生了多起电化学储能电站安全事故。2021

年 4 月，位于北京丰台区的一座储能电站发生火灾，在处置过程中又突发爆炸，导致 2 名消防员牺牲，1 名消防员受伤，1 名电站员工失联。2021 年 7 月，特斯拉位于澳大利亚的"维多利亚大电池"项目发生火灾，大火连烧 4 天后才得以控制。储能电站的安全事故引起对退役动力锂电池梯次利用安全性的质疑。

2021 年 6 月 22 日，中国国家能源局综合司发布《新型储能项目管理规范（暂行）（征求意见稿）》（以下简称规范）。规范强调，原则上不得新建大型动力锂电池梯次利用储能项目，避免出现高安全风险问题。退役动力锂电池在进行资源回收利用之前，可以通过梯次利用来充分利用其残值，但是退役动力锂电池也面临着质量参差不齐、循环寿命短、热失控安全风险高等问题，和采用新电池的储能项目相比，采用梯次利用动力锂电池的储能项目面临着更高的安全风险。因此，现阶段在对退役动力锂电池相关管理手段和技术条件尚不成熟的情况下，大型动力锂电池梯次利用储能项目的安全风险很高且难以有效管控，不新建大型动力锂电池梯次利用储能项目是规避安全风险的有效举措。规范要求：在电池一致性管理技术取得关键突破、动力锂电池性能监测与评价体系健全前，原则上不得新建大型动力锂电池梯次利用储能项目。已建成投运的动力锂电池梯次利用储能项目应定期评估电池性能，加强监测、强化监管。

安全第一，未来退役动力锂电池梯次利用的前提。据不完全统计，从 2011 年以来，全球范围内共发生 32 起储能电站起火或爆炸事故。这些储能站的电池均为新电池，可以想象的是，在现有条件下若使用退役动力锂电池，则安全性更无法保证。一方面是退役动力锂电池数量的激增；一方面是对安全性提出更高的要求，因此实现动力锂电池一致性管理的技术突破，建立健全动力锂电池性能监测与评价体系已经迫在眉睫。

6.1.4.3 储能动力锂电池发展展望

在电池材料方面，动力锂电池需要突破关键技术，例如高频次充放电下实现超长寿命等。动力锂电池在使用阶段，作为移动储能单元与发电端进行深度融合，助力电网的健康有序发展，预计在未来将迎来重大发展机遇。同时，在市场方面，需要新的商业模式来支撑 V2G 技术的推广与应用，让广大车主有利可图，让车网互动持续健康发展。动力锂电池退役后，从原理上可以用于储能设施，但是前提是确保安全性不受威胁。

6.2　新兴商业模式

6.2.1　换电模式的两轮电动车

6.2.1.1　行业需求推动换电模式的应用

即时配送（2B）。在中国，外卖、快递、跑腿等即时配送行业快速发展，从业人员数量高达 1300 万，两轮电动车是该群体最重要的交通工具。据统计，全职的配送人员每天的骑行里程一般在 100 公里以上，而目前一般的两轮电动车仅能提供约 50 公里的续航。不少配送人员不得不在车上安装更大更重的电池来提高续航能力，但因此也带来了安全隐患。

两轮电动车的换电模式可以很好地解决这个问题。现实已经证明，若采取换电模式，每位配送员每天节约下来的充电时间可以多跑 10 单业务，按平均每单 6 元的配送费来计算，一个月可多挣 2000 元，而每月换电服务费用仅为 300 元。因此，对 2B 端用户来说，采用换电模式将意味着更高的劳动收入。预计未来换电模式的渗透率可达 50%（图 6-13）。

共享出行（2B）。共享经济的发展也助推了两轮电动车的换电模式。截至 2019 年年底，中国的共享电单车投放量达到 100 万辆，预计在 2025 年会超过 800 万辆[27]。解决共享电单车的续航问题最有效的手段必然是采用换电模式，该场景下的换电模式渗透率高达 100%（图 6-13）。与共享充电宝一样，共享两轮电动车的取车和还车地点是固定的，运维人员通过后台监控系统了解车辆的剩余电量，对于电量低的车辆进行更换电池，并将换下来的电池放入换电柜中进行充电。

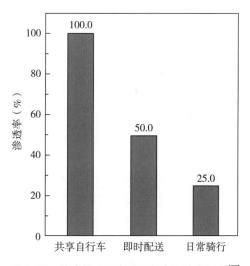

图 6-13　换电模式下电动两轮车预计渗透率[27]

个人骑行（2C）。中国已从自行车王国变为电动自行车王国。在保有量巨大的个人车辆市场中，换电模式的渗透率很低，目前仍然以自充电为主。主要原因是换电相对于自充电的成本较高。随着大量社会资本的进入，换电模式成本在逐渐下降，综合优势不断提升，这也意味着换电模式的市场空间巨大，初步估计未来换电模式的渗透率可达 25%（图 6-13）。

6.2.1.2　新国标助推换电模式

前文提到的新国标政策对两轮电动车的发展产生了重大影响，同时也间接促进了换电模式的兴起。新国标对整车的安全性提出了很高的要求，人们开始关注如何在保证车身轻量化和足够结构强度的前提下解决续航短的问题，而换电模式则可以很好地满足这个需求。一部手机，一个 APP，可以实现在一分钟内更换电池，实现无限续航。

6.2.1.3　换电柜，一个巨大的蓝海市场正在形成

正如手机共享充电宝在中国的发展历程一样，作为两轮电动车的共享动力包，换电柜市场正处于各方势力争相布局的阶段，一个巨大的蓝海市场正在形成。据统计，中国的换电柜需求有望接近 100 万个，按照单价 1.5 万元计算，对应的市场空间可高达 150 亿元[28]。在换电运营方面，由于 C 端的体量非常大，达到近 3 亿辆，若每天充电 1 亿次，一年充电 365 亿次，每次充电加入消耗 2～3 元，这是一个 700 亿～1000 亿的市场规模。

2018 年底，e 换电完成 3 亿多元人民币的 B 轮融资，随后在次年 5 月完成数千万美元的 B+ 轮融资，2020 年完成 C1 轮融资。截至 2021 年 2 月，e 换电已经进驻全国 60 余座城市，铺设换电柜近 10000 台，日均换电次数达 60 万次[29]。

2019 年由哈啰出行、蚂蚁金服、宁德时代共同出资 10 亿元，推出哈罗换电服务，也称小哈换电。2021 年，小哈换电业务完成了数亿元人民币的融资，大湾区基金、磐谷资本、慕华资本等参与到本轮投资中。截至 2021 年 6 月底，小哈换电已在全国布局了超 200 座城市，累计门店数量超过 2000 家[30]。

2019 年 3 月，易骑换电完成了 1 亿元人民币的 B 轮融资，投资方包括腾讯、蔚来汽车、凯辉基金和新认知联合。目前易骑换电已布局 30 余座城市，部署了近 10000 台换电柜[31]。其他的还有雷风换电、飞哥换电、张飞换电等，呈现百花齐放、百家争鸣的局面。

6.2.1.4　换电模式下的电池技术路线

目前市场上销售的两轮电动车普遍采用体积和重量较大的铅酸电池。虽然铅酸电池在现阶段占据市场主导地位，但是动力锂电池的轻量化是不可阻挡的趋势，两轮电动车正逐渐向锂电池靠拢。相比于传统的铅酸电池，锂电池具备多项优点，例如能量密度高、循环寿命长、体积重量小等，更加适合

换电场景。

　　近年来，锂电池在国内两轮电动车领域的市场渗透率持续上升。EVTank、伊维经济研究院联合中国电池产业研究院发布的《中国电动两轮车行业发展白皮书（2021 年）》[32] 统计数据显示，2020 年我国两轮电动车总产量为4834 万辆，同比增长 27.2%，其中锂电版两轮车产量为 1136 万辆，总体渗透率达到 23.5%，同比增长 84.7%。预计到 2022 年锂电版两轮电动车的市场占有率将超过 23.1%（图 6-14），铅酸换锂电大势所趋。

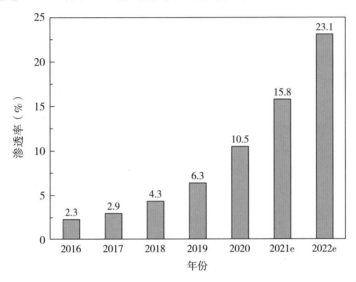

图 6-14　中国二轮电动车中锂电池市场占有率预测

6.2.1.5　换电模式优劣势分析

（1）优势

①换电模式增强了两轮电动车补电的便捷性和续航能力，随着换电柜普及度的提高，人们不必担心车辆的充电问题，只需一部手机，"10 秒换电"将成为现实，实现随时随地，无限续航；②换电模式提高了两轮电动车的安全性，目前大多数电池火灾事故发生在充电阶段，而换电柜的存在可以大大降低事故风险，目前大多数换电柜已经具备很高的安全性，配备了自动灭火设备，即使火情发生，也能控制在换电柜内部而不外延。

（2）劣势

①换电柜的前期建设成本较高，用户使用率低也使得成本很难在短期内收回，要实现足够的密度来支撑市场需求还有很长的路要走。②目前只适用

于 2B 场景，日常使用成本对于 2C 端的普通用户来说过高，用户的使用习惯不易养成。

6.2.2 换电模式的乘用车

6.2.2.1 车电分离，星星之火可以燎原

车电分离既指电池和车的物理分离，也预示电池所有权的分离。物理分离是将电池从车身结构分离，进行换电，通过特定的装置短时间内快速更换动力锂电池。所有权分离是将动力锂电池的所有权和使用权分离，使动力锂电池成为具有可流动性的服务商品，电池资产管理公司拥有其所有权，用户仅需支付电池租赁成本从而拥有动力锂电池的使用权，使动力锂电池成为具有可流动性的服务商品。

探路者：Better place 公司。车电分离最早在 2007 年由以色列的 Better place 公司尝试商业化运行，不过当时的市场条件不足以支撑换电的商业模式运行，一方面是新能源汽车处于发展的初期，市场规模太小；另一方面是换电站的建设需要巨额的资金投入。作为车电分离商业模式的探路者，Better place 公司在 2013 年 5 月宣布破产。

继承者：特斯拉。虽然 Better place 公司在商业上失败了，但他为后来者留下了较为完整的底盘换电技术和运营经验。在这之后，美国汽车制造商特斯拉研发出了耗时仅需 90 s 的换电技术，该技术就是基于 Better place 公司的底盘换电思路。然而特斯拉随后发现，换电在技术上已经不是难题，但是电池标准的不统一、换电站建设成本高、运营效率低、成本回收周期长等问题难以解决。最终，特斯拉放弃了换电模式，转向了快充技术。

发扬者：奥动、蔚来等中国企业。技术模式孕育了商业模式，而推行商业模式需要足够大的市场需求和足够多的资金投入，显然，中国是车电分离商业模式发扬光大最合适的国家。

作为中国最大的换电服务商，奥动新能源已经在出租车、公交车、网约车和物流车等领域探索了 20 年。2021 年 5 月 12 日，奥动新能源董事长蔡东青对外发布其 2021—2025 年发展规划，目标是在 5 年内完成 10000 座换电站的投建，达到 1000 万辆以上的换电车辆服务能力。这无疑是目前中国最具雄心的换电站建设计划。

2020 年 8 月，蔚来公司正式推出"电池即服务（Battery as a service，BaaS）"创新性商业模式，誓言要解决私家车用户电动汽车痛点问题。2021

年 7 月 9 日，首届蔚来能源日（NIO Power Day）在上海举行。蔚来现场分享了蔚来能源（NIO Power）的发展历程与核心技术，并发布 NIO Power 2025 换电站布局计划[33]。为向持续快速增加的用户提供更好的加电服务体验，蔚来将加快充换电网络建设。蔚来 2021 年换电站建成目标总数由 500 座提升为 700 座以上；从 2022 年至 2025 年，在中国市场每年新增 600 座换电站；至 2025 年底，蔚来换电站全球总数将超 4000 座，其中中国以外市场的换电站约 1000 座。同时，蔚来宣布向行业全面开放 NIO Power 充换电体系及 BaaS 服务，与行业及智能电动汽车用户分享 NIO Power 建设成果。

6.2.2.2 政策促进，换电模式备受追捧

换电车不受补贴限制。2019 年 6 月后，新能源汽车进入"后补贴时代"，补贴的逐渐退坡增加了消费者的购买成本，削弱了新能源汽车的市场竞争力。"车电分离"的换电模式提供了"裸车售卖"降低成本的新思路。2020 年 4 月，财政部、工业和信息化部、科技部、发展改革委联合发布《关于完善新能源汽车推广应用财政补贴政策的通知》，明确新能源乘用车补贴前售价须在 30 万元以下（含 30 万元），但是换电车型不受限制。

换电站是新基建的一部分。2020 年 5 月，中国两会《政府工作报告》中关于新型基础设施建设的部分，将"建设充电桩"扩展为"增加充电桩、换电站等设施"。换电站与 5G、人工智能、大数据中心等一同成为新基建的重要组成部分。这体现了中国政府对换电模式以及车电分离模式的充分肯定。同年 11 月，国务院办公厅正式发布《新能源汽车产业发展规划（2021—2035 年）》，强调要加强充换电基础设施，鼓励开展换电模式应用（图 6-15）。北京、上海、海南、济南、天津等地都积极响应国家号召，结合地方实际，印发了系列实施政策制度，加大充换电基础设施的建设，开展换电模式试点。

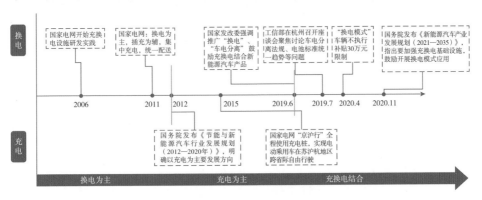

图 6-15　换电发展趋势

6.2.2.3 车电分离的核心，电池资产管理公司

电池资产管理公司，即电池银行，首先由蔚来公司推出，属于 BaaS 服务中的关键一环。目前各大汽车企业纷纷成立自己的电池资产管理公司来实现对动力锂电池的统一、集中管理，获得电池资产全生命周期运营价值。电池资产管理公司的电池全生命周期资产管理如图 6-16 所示：主要涉及电池购租、运营、储能 – 车网互动、梯次利用、拆解回收等服务。

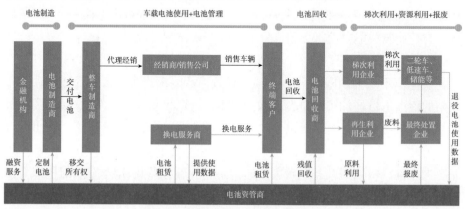

图 6-16 电池资产公司运营模式

6.2.2.4 换电模式优劣势分析

优势：①换电可以大大提高能源补充速度，实现像加油一样加电，大大缓解里程焦虑；②换电模式可以降低购车成本和用车成本，有利于提升电动汽车的销量；③换电提高了安全性，电动汽车发生自燃等事故大多是在充电阶段，而换电模式使得车主不用承担此风险，同时换电运营商通过统一管理、规范运营又能降低风险发生的概率；④换电模式使得动力锂电池的回收渠道集中，由于电池的所有权不由用户拥有，从而避免了退役动力锂电池流入不规范的私人作坊。

劣势：①电池标准不统一，各家汽车企业设计的电池结构、接口等无法实现通用，制约了换电模式的推广；②换电站建设和运营成本太高，目前数量较少，布局不成熟，管理不规范，未能真正实现快速换电，也未能大幅度缓解里程焦虑。

6.2.2.5 换电模式下的退役动力锂电池回收利用路线

换电模式有利于推动电池梯次利用和再生回收。一方面，传统的经销商模式下，从分散的消费者手中回收动力锂电池难度大。换电模式天然的优势

是能提升动力锂电池回收率，引入更多的退役电池流量，再结合梯次利用构成充电－换电－储能的闭环。另一方面，动力锂电池性能、规格等差异性将导致退役电池单体间性能参数不一致，从而影响梯次利用价值，例如电池组电压、内阻等之间的差异将降低成组后系统实际可用容量，并导致电流、电压不稳定，在长期运行中大大降低电池可靠性、安全性。换电模式下能对电池进行均衡管理、科学充放电，且能有效评估梯次利用电池的剩余容量及剩余使用寿命，加之车电分离模式所使用的动力锂电池型号、能量密度、使用强度和使用场景相对统一，因此退役电池的状态、容量一致性更加统一，有利于动力锂电池的梯次利用与电池包自动化拆解，保证电池再次应用时的可靠性和安全性，实现价值的最大化。

6.2.3　换电模式的重型卡车

6.2.3.1　换电重卡的需求来源

以现有的动力锂电池技术水平，电动重卡想在短期内达到乘用车的一次充电续航里程并不现实。为了尽可能提高电动重卡的续航水平，汽车厂家不得不提高电池的装机量。目前，一般的电动重卡电池的重量就达到 2～3 t，大大降低了车辆的有效载重能力。纯电动重卡一般应用于固定路线、短途、使用频次高的场景，例如城市渣土车、矿区短倒、厂区短倒、港口运输等。为了减少充电过程占用的时间，提高车辆运营效率，各大厂家纷纷开发出支持快充甚至超级快充模式的电动重卡。2021 年 6 月，戴姆勒卡车发布首款量产梅赛德斯－奔驰 eActros 纯电动重卡，该车型在快充模式下将电量从 20% 提升至 80% 只需一个多小时[34]。尽管有了超大电池和快充技术，但是电动重卡的续航里程焦虑并没有得到根本性的改善。除此之外，频繁的快速充电一方面加速动力锂电池的性能衰退，同时也加剧了发生安全事故的风险。最重要的是，由于电池的存在，电动重卡的初期购车成本是传统燃油重卡的 2～3 倍，这无疑会成为电动重卡推广应用的重大障碍。

6.2.3.2　换电重卡的经济性

相比于自充电重卡，换电重卡在购车阶段可大幅度降低购买成本。在车身采购和使用成本方面，根据国家电投的数据，如表 6-2 所示，以传统燃油版 6×4 牵引车和换电重卡进行对比，在 5 年内后者比前者节省约 10%[35]。

表 6-2　6×4 牵引车和换电重卡 5 年采购及使用成本对比

项目	油车	换电重卡无动力车身	备注
采购价（万元）	36.00	40.00	
购置税（万元）	3.19	0.00	电动车可享受免征购置税
5 年发动机保养费（万元）	2.40	0.00	按单车每 2 万公里一次常规发动机保养，每次保养 1200 元，每年行使 8 万公里，即每年 4800 元
5 年尿素费（万元）	2.50	0.00	按单车每 800 公里消耗 10 公斤尿素，成本 50 元，每年行使 8 万公里，即每年 5000 元
合计（万元）	44.09	40.00	
单车 5 年节约成本（万元）	4.09		
50 台车 5 年节约总成本（万元）	204.50		
节约比例	9.28%		

　　在日常使用成本方面，通过两个典型使用场景的案例分析表 6-3，经过测算，换电重卡相比燃油重卡的成本可节约 15% 左右。综合购买与运营全生命周期来看，换电重卡比传统燃油车可节约 12%～14% 的成本。

表 6-3　典型案例分析 [35]

案例1：某砂石运输项目（区域短倒）-60 期·含 50 台车 + 57 套 282 kWh 电池，电价 0.4 元 /kWh；·车辆年运行 300 天，单车日均保底行使里程 304 km；·含 S06-2400 kW 电池仓四代标准换电站（整站按 400 万元投资考虑）			
油电经济性对比			
换电重卡		柴油重卡	
边界条件			
基本电价（元 /kWh）	0.40	油价（元 /L）	6.00
折合电池及换电站租金（元 /kWh）	0.75	每公里油耗（L/km）	0.40
每公里电池放电量（kWh/km）	2.00	—	—
每公里综合电耗（kWh/km）	1.40	—	—
能耗支出测算			
每公里能耗支出（元 /km）	2.06	每公里能耗支出（元 /km）	2.4
每公里电池及换电站租金（元 /km）	1.50		

每公里基本电费（元 /km）	0.56		
50 台车 60 期能耗支出节约金额（万元）	775.20		
油电能耗支出节约率	14.17%		

案例 2：某大型钢厂（场内超载钢材短倒）–60 期
· 含 50 台车 + 57 套 282 kWh 电池，电价 0.4 元 /kWh；
· 车辆年运行 300 天，单车日均保底行使里程 121.6 km；
· 含 S06–2400 kW 电池仓四代标准换电站（整站按 400 万元投资考虑）

油电经济性对比			
换电重卡		柴油重卡	
边界条件			
基本电价（元 /kWh）	0.40	油价（元 /L）	5.50
折合电池及换电站租金（元 /kWh）	0.75	每公里油耗（L/km）	1.20
每公里电池放电量（kWh/km）	5.00	—	—
每公里综合电耗（kWh/km）	4.50	—	—
能耗支出测算			
每公里能耗支出（元 /km）	5.55	每公里能耗支出（元 /km）	6.60
每公里电池及换电站租金（元 /km）	3.75		
每公里基本电费（元 /km）	1.80		
50 台车 60 期能耗支出节约金额（万元）	957.60		
油电能耗支出节约率	15.91%		

总体来看，采用"车电分离"模式的换电重卡，具有显著的全生命周期经济效益。

6.2.3.3　换电重卡的应用场景

在应用场景方面，由于续航能力有限以及充换电站的建设数量不足，电动重卡目前仅适用于重载、低速、短途运输，例如煤炭矿石等专线运输场景、城市渣土运输以及环卫车辆等区域短倒场景、集装箱运输和散杂货运输等港口内倒场景、钢厂和矿区内部运输场景等。未来随着电池续航能力提升和充换电站基础建设的完善，换电模式下的电动重卡的应用场景有望进一步扩宽。

6.2.4　换电模式的电动船舶

6.2.4.1　船电分离，水上换电模式初探

电动船舶因其自身的特点，往往需要搭载体量庞大的动力锂电池，如何

实现高效又安全的充电成为电动船舶发展的掣肘问题。由于换电模式在两轮车和汽车领域的快速发展，船舶换电模式也开始进入人们的视野。

其实早在 2016 年，一家中国企业就针对电动船舶水上换电难题设计了一种在动态或静态中更换动力锂电池组的组合船，并申请了相关的专利 [36]。组合船由船舶母船体和动力锂电池子船体结合而成，其中动力锂电池作为自船体拥有独立的动力系统，可以在电量用完的情况下，脱离母船体并回到水上充电换电站进行充电，同时，新的动力锂电池自船体将通过遥控的方式与船舶主体结合，完成换电。虽然目前，该换电技术没有得到普遍应用，但也为船舶的换电模式提供了一种思路。

2021 年 6 月 26 日，国内首艘 64TEU 内河纯动力锂电池集装箱船"国创号"正式下水 [37]。据报道，该船的研发属于 2018 年度国家重点研发计划"综合交通运输与智能交通"专项示范项目，其中的关键技术之一就是采用集成模块移动电源换电运营模式，支持在固定码头更换电池，也就是船电分离的换电模式，该技术是动力锂电池在水上交通运输装备探索应用的重大突破。

2021 年 7 月 10 日，在 2021 世界人工智能大会"AI 赋能海洋"智能船舶创新论坛上，中国船舶上海船舶研究设计院（SDARI）发布了一型模块化船舶电源系统标准化产品——集装箱式动力锂电池单元（S-CUBE，SDARI containerized utility battery module）[38]。S-CUBE 使用已获中国船级社认可的磷酸铁锂电池，以 20 尺（5.90m × 2.35m × 2.39m）标准集装箱为载体，形成具有通用性的模块化电源系统。S-CUBE 单体容量最大可达 1540 kWh，仅需 4 个箱子就能使一艘载货量为 3000 t 的货船航行 200 km。S-CUBE 具备自动化的标准接口，能够与电网之间实现快速、安全的接通和脱离，从而可以通过吊装的方式来实现电池模块的更换，实现船电分离。标准化的设计理念、安全可靠的系统设计是船电分离模式基础，以 S-CUBE 为代表的集成化和标准化动力模块的出现将推动水上船舶领域开始构建换电运营体系，提高船舶的运营效率。

6.2.4.2 磷酸铁锂，船载动力锂电池的主流

船用动力电在安全、寿命、可靠性等方面要求较高，由于磷酸铁锂电池在此方面要优于三元锂电池，所以目前磷酸铁锂电池是船载动力锂电池的主流。在中国，船用锂电池必须通过中国船级社（CSS）的认证，目前 CSS 只认可方形磷酸铁锂电池，这为磷酸铁锂在船舶领域的发展提供了有利条件。目前宁德时代、亿纬锂能、国轩高科、鹏辉能源、星盈科技等 5 家电池企业

获得了 CSS 的资质认证。

GGII 认为 [39]，按照 2019 年、2022 年以及 2025 年船舶锂电化渗透率分别为 0.035%、0.55%、18.5% 测算，截至 2025 年电动船舶用锂电池市场将达 35.41GWh。

6.2.4.3 电动船舶发展建议

把握发展机遇，积极探索和推动换电模式在船舶领域的应用，船舶行业、锂电池行业应该注重以下发展方向：一是要准确把握船舶各细分领域的电动化需求特点，统筹协调，推动电动船舶在船身结构、接口、安全等方面的标准化；二是推动船载动力锂电池模块在结构、接口、安全和性能方面的标准化，规范动力锂电池在船舶上的使用；三是要创新港口充换电设施的运营模式，增强资金投入，加强换电基础设施建设，尤其是可以与海上风力发电结合，既可以作为大型储能装置，也可以向船舶提供动力。此外，促进船舶电动化的健康发展，还需要国家层面的统一规划和指导，可以通过建立换电模式示范航线，发挥引导作用。

6.3 未来发展方向

动力锂电池技术的快速发展催生了各种不同的应用场景，但主要还是集中在电动交通工具领域，包括两轮电动车、电动汽车、电动船舶等。由于动力锂电池在安全性、续航能力、寿命等关键领域存在技术瓶颈，为解决消费层面的痛点问题，市场需求推动出不同的商业模式。其中车电分离的商业模式不仅有望解决用户痛点问题，同时有利于退役动力锂电池的回收。未来动力锂电池将会面对比目前更为巨量、更为细化分散的应用场景需求，必然会催生出更为多元化的技术路线和商业模式，电池的标准化、回收渠道的集中化和规范化将是不可避免的趋势。

参考文献

[1] 国家自行车电动自行车质量监督检验中心. 中国电动自行车质量安全白皮书 [R]. (2017-03-15). [2021-12-20].

［2］中华人民共和国工业和信息化部．2021 年 1-8 月自行车行业经济运行情况 [EB/OL].
(2021-10-25). [2021-12-20]. https://www.miit.gov.cn/gxsj/tjfx/xfpgy/qg/index.html.

［3］前瞻产业研究院．2020 年全球电动自行车行业市场现状及竞争格局分
析 [EB/OL]. (2020-08-11). [2021-12-20]. https://bg.qianzhan.com/trends/detail/506/
200811-1fbc9ed8.html.

［4］广发证券研究中心．运输设备行业：竞争格局优化，产品智慧转型 [R/OL]. (2021-07-
19). [2021-12-20]. https://m.hibor.com.cn/wap_detail.aspx?id=8f016126b6bba3e05e2c0e96
43e3d02c.html.

［5］中国海关总署 [EB/OL]. [2021-12-20]. http://www.customs.gov.cn/.html.

［6］金融界．海内外销量两开花，电动自行车市场进入全球加速模式 [EB/OL]. (2020-07-
09). [2021-12-20]. http://hy.stock.cnfol.com/hangyezonghe/20200709/ 28262420.shtml.

［7］国际能源署．Global EV Outlook 2021[R/OL]. (2021-05-06). [2021-12-20]. https://iea. blob.
core.windows.net/assets/ed5f4484-f556-4110-8c5c-4ede8bcba637/GlobalEVOutlook2021.
pdf.

［8］中华人民共和国公安部 [EB/OL]. [2021-12-20]. https://www.mps.gov.cn/.html.

［9］中国电动充电基础设施促进联盟 [EB/OL]. [2021-12-20]. http://www.evcipa.org.cn/.html.

［10］比亚迪官网 [EB/OL]. [2021-12-20]. https://www.byd.com/cn/index.html.

［11］中国汽车工业协会 [EB/OL]. [2021-12-20]. http://www.caam.org.cn/tjsj.html.

［12］宇通客车 [EB/OL]. [2021-12-20]. https://www.yutong.com/.html.

［13］新浪财经．挪威成为首个电动车逆袭燃油车的国家 [EB/OL].（2021-01-07）. [2021-
12-20]. https://baijiahao.baidu.com/s?id=1688277724607442203&wfr=spider&for=pc.
html.

［14］欧洲环境署 [EB/OL]. [2021-12-20]. https://www.eea.europa.eu/.html.

［15］中华人民共和国生态环境部 [EB/OL]. [2021-12-20]. https://www.mee.gov.cn/.html.

［16］中国生态环境部．中国移动源环境管理年报（2021）[EB/OL]. (2021-09-11). [2021-12-
20]. http://www.gov.cn/xinwen/2021-09/11/content_5636764.htm.

［17］中国交通运输部．2020 年交通运输行业发展统计公报 [EB/OL]. (2021-05-19). [2021-
12-20]. https://xxgk.mot.gov.cn/2020/jigou/zhghs/202105/t20210517_3593412.html.

［18］挪威船级社 [EB/OL]. [2021-12-20]. https://www.dnv.com/.html.

［19］国际船舶网 [EB/OL]. [2021-12-20]. http://www.eworldship.com/.html.

［20］"长江三峡" 1 号，多项技术突破——全球最大电动船舶正式开工 [EB/OL].（2020-12-27）.
[2021-12-20]. https://www.sohu.com/a/440812303_190663.html.

［21］高工锂电．CALB 配套电船云南 "滇景号" 成功试航 [EB/OL]. (2021-07-28). [2021-
12-20]. https://www.gg-lb.com/art-43198.html.

［22］宁德时代 [EB/OL]. [2021-12-20]. https://www.catl.com/.html.

［23］EVTank, 伊维经济研究院，中国电池产业研究院．中国电动船舶行业发展白皮书 (2021

年）[R/OL]. (2021-01-15). [2021-12-20]. https://chuneng.bjx.com.cn/news/20210115/ 1129897.shtml.

［24］中国电动汽车百人会，自然资源保护协会．电动汽车与电网互动的商业前景——上海 市需求响应试点案例 [R/OL]. (2020-06-03). [2021-12-20]. https://shupeidian.bjx.com. cn/html/20200604/1078636.shtml.

［25］电池中国 CBEA. 比克电池携手南网综合能源落地国内首个电池整包梯次利用储能项目 [EB/OL]. (2019-08-07). [2021-12-20]. http://cbcu.com.cn/wenshuo/qy/2019080730296.html.

［26］彭博新能源财经．退役动力电池梯次利用上篇：技术和应用 [EB/OL]. (2021-07-13). [2021-12-20]. https://chuneng.bjx.com.cn/news/20210713/1163487.shtml.

［27］美团电单车．武汉市交通发展战略研究院，2020 年共享电单车出行观察报告 [EB/OL]. (2020-10-14). [2021-12-20]. http://www.199it.com/archives/1134321.html.

［28］中泰证券．享助力车放量在即，换电服务空间广阔 [R/OL].（2020-03-19）. [2021-12- 20]. https://img3.gelonghui.com/pdf/ff857-14c2f308-047a-4736-bbbd-86174aa2ab15.pdf.

［29］新京报．易马达 e 换电布局两轮生态，进入电单车领域 [EB/OL].（2020-12-16）. [2021- 12-20]. https://www.bjnews.com.cn/detail/1608121495150 59.html.

［30］第一电动网 [EB/OL]. [2021-12-20]. https://www.maiche.com/media/m1201/.html.

［31］经济观察报．电动车换电平台易骑换电完成数亿元 B 轮融资，腾讯领投 [EB/OL]. （2019-03-13）. [2021-12-20]. https://baijiahao.baidu.com/s?id=1627674080606815934 &wfr=spider&for=pc.html.

［32］EVTank，伊维经济研究院，中国电池产业研究院．中国电动两轮车行业发展白皮书 （2021 年）[R/OL].（2021-06-17）. [2021-12-20]. https://www.sohu.com/a/472506608_ 121155505.html.

［33］蔚来 [EB/OL]. [2021-12-20]. https://www.nio.cn/.html.

［34］新民晚报．量产奔驰 eActros 纯电动卡车首秀，续航 400 公里 [EB/OL].（2021-07-02）. [2021-12-20]. https://baijiahao.baidu.com/s?id=17041583612098 51437.html.

［35］国家电力投资集团．国家电投智能换电重卡产品介绍 [EB/OL].（2021-06-30）. [2021- 12-20]. http://www.cvworld.cn/news/truck/jishu/210630/ 193251.html.

［36］广州市旋通节能科技有限公司 [EB/OL]. [2021-12-20]. http://www.gz-xuantong.com/. html.

［37］中国海事．泰州海事局维护国内首艘内河纯电池动力集装箱船安全下水 [EB/OL]. （2021-06-28）. [2021-12-20]. https://m.thepaper.cn/baijiahao_ 13343725.html.

［38］中国船舶集团有限公司 [EB/OL]. [2021-12-20]. http://www.cssc.net.cn/.html.

［39］国盛证券研究所．黯淡时光随风而逝，扬帆出海再踏征程 [R/OL].（2021-01-10）. [2021-12-20]. https://pdf.dfcfw.com/pdf/H3_AP202101111449478 963_1.pdf?1610351998000. pdf.

第七章 动力锂电池再生利用前景展望
与行业设想

随着退役动力锂电池规模的持续扩大，经济安全、高效环保、绿色低碳的电池回收技术亟待开发与应用。锂电池回收行业的不断完善与发展，势必会对当下新能源产业链现状产生变革影响，为其可持续发展注入新的活力和可能。例如，它会推动一系列潜在商业模式的转变，衍生新的应用场景，助力"双碳"目标，以及重新定义电池材料在全生命周期的综合评价体系。最终，基于回收考虑进行电池的绿色设计，真正实现电池产业链绿色闭环制造。

7.1 电池再生利用技术未来发展方向

废旧动力锂电池再生利用是一个复杂、相互制约的产业，现阶段动力锂电池的非标准化、再生利用体系不健全、再生利用过程缺乏监管，直接导致废旧动力锂电池拆解难度加大、再生利用技术难于统一，缺乏大通量安全环保的再生利用技术。面对小、乱、杂的现阶段再生利用市场，以及大批量退役动力锂电池的确定预期，未来电池回收技术重要发展方向将集中在以下几个方面：

①经济性环保放电技术：现阶段大部分企业采取的盐水放电方式，成本低廉但存在电解液泄露、废水难处理的问题，运营成本高、环保压力大，亟需开发大通量电池放电介质与技术装备，比如循环放电胶、自动化放电设备、粉体放电材料等。通过突破放电关键材料与技术，在安全环保的情况下，快速把单体电池放电至安全电压，方便后续运输和拆解破碎。

②大通量预处理成套设备：单体电池预处理的主要目的是实现各组分的物理分离，为后续有价组分的高效再生利用和危害成分的环保处置提供先决条件。拆解过程中机理研究尚不深入，需要阐明各组分的转化机理、各物料的物理解离机制和污染物的迁移规律等，科学设计工艺流程、开发粉碎 – 热

解 – 分选智能化设备，同时研发污染物的环保与安全处置技术方案，由此形成大通量、高安全、高环保的预处理成套装置，实现极粉、铜箔、铝箔等有价组分的智能解离，以及电解液、PVDF 等高污染成分的环保处置。

③有价金属选择性提取技术：常规锂电池再生利用过程中，由于金属提取采用无差别的熔炼或浸出技术，操作流程长，过程中金属夹带损失导致整体回收率偏低。金属选择性提取技术通过控制外界反应条件，实现金属元素定向转化，进而将选择性提取目标金属，大幅度降低杂质含量，可以缩短回收流程，提高金属回收率。但当前的选择性提取技术往往采用高压、强酸等苛刻条件，如何在温和条件下实现金属的选择性提取是未来需要攻克的关键技术难题。

④有价金属高效分离体系：对于具有确定有价金属（镍钴锰锂）的三元锂电池，针对其组分比例不确定（包括 LCO、LMO、NCA、NCM111、NCM523、NCM 622、NCM 811 等）、杂质成分多元（铝、铜、铁、钙、钠、镁、硅、磷、氟、有机质、PVDF 等）等问题，开发工艺适应性强、分离效率高的湿法工艺流程。在理解已有镍钴锂分离提纯工艺和设备的基础上，收集电池材料成分组成，特别是杂质成分组成，通过工艺优化和核心分离材料开发，形成适应性强的有价金属 – 杂质金属高效分离体系。

⑤低价值电池 / 成分高值化开发：针对 LFP、LMO、LTO 等低价值动力锂电池，开展短流程、高附加值工艺技术，在现阶段只回收锂的基础上，开发磷、铁、锰、钛等金属的全量再生利用技术；针对回收过程中产生的大量负极石墨，开展预分离、除杂、重整等工艺研究，实现石墨资源化。

⑥本质安全和污染防治：废旧动力锂电池具有危险属性，在预处理过程中产生大量的石墨和金属粉尘，锂电池电解液中含有大量成分复杂的有机物以及 HF 等有害物质，因此需要在能实现工艺本质安全的环境中自动高效处理。

7.2　电池再生利用为新能源产业带来的变革影响

随着电池回收技术的不断演进、回收政策和法规的不断完善，以及行业规模的不断扩大，动力锂电池再生利用这一环节，为新能源行业的可持续发展注入了新的活力和可能。同时，电池回收作为锂电供应链闭环过程中不可或缺的一环（图 7-1），随着技术的进步，报废后的电池可能作为梯次利用电池回用到电池二次使用环节，也可能作为再生电池材料回用到电池制造环节，也可以作为二次资源回用到金属提取、电池材料制备环节，相比于目前线性的锂电资源－材料－电池产业链，一旦形成电池金属、电池材料的循环后，将会对目前整个锂电池上下游产业产生重大的变革影响，形成更加产业链的循环流通，包括推动商业模式的转变，衍生新的应用场景，助力"双碳"目标达成，以及从根本上对新能源材料的升级换代，提升材料本身的资源能源承载价值，从而重新定义电池材料在全生命周期的综合评价模型。

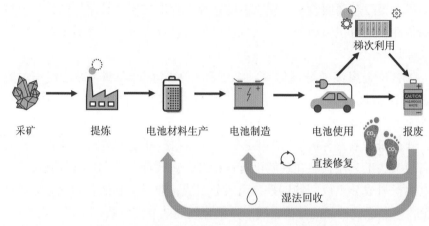

图 7-1　电池回收在锂电池产业链闭环中的作用

7.2.1　商业模式转变

电池回收行业的持续发展，势必会推动一系列潜在的商业模式转变，例如：回收处置的物流模型，电池资产的管理方式，以及相应的财务模型。

（1）回收物流模型

物流运输是废旧动力锂电池合规回收成本的重要组成部分。长距离运输，无论从风险和成本管控角度，都无法满足将来大规模的锂电池报废回收需求。因此，未来更为合理的回收布局[1]，会是围绕城市等动力电池集中使用场景或储能等储能电池使用场景打造区域中心处理站，进行废旧锂电池的统一收集和物理拆解破碎。此外，围绕电池超级工厂建设大规模电池回收厂，对周边电池厂、电池材料厂的生产废料和区域中心处理站破碎得到的电池黑粉等二次资源，进行区域协同处理，重新生产制造电池原材料（金属盐、前驱体、正极材料）以实现资源的短距离、快速、高效闭环。

（2）电池资产管理

与手机、笔记本等消费类电池不同，一般消费者无法自行处置、临时储存动力锂电池，不仅一次性购置价格高昂，且不合规处置情况下的危险性和环境污染大。传统的分散式资产管理，电动车和电池资产所有者基本都是个人消费者。在电池退役后，个人消费者并无有效途径进行处理，继而导致只有小部分退役电池进入有资质的企业被合规处理，而大部分电池流向无资质的小作坊进行非法处理加工，甚至有些根本无法追踪去向，因而存在严重的环境和安全风险。集中式的资产管理，电动车和电池资产采用车电分离的模式，电池所有权归属电池资产方。电池资产方将其所拥有的退役电池交由有资质的企业进行统一处理，而生产出的原材料重新投入前端电池生产过程，实现资源的有效闭环。随着动力锂电池的大规模普及应用，集中式的电池资产管理模式，无论从最大化资源利用效率，还是责任认定、安全合规等多个角度，相较传统的分散式消费者持有方式，都有着巨大的优势（图7-2）。政府、央企国企、电池资产运营商、车企或者电池生产制造商，都有可能成为将来的电池资产投资、运营方。

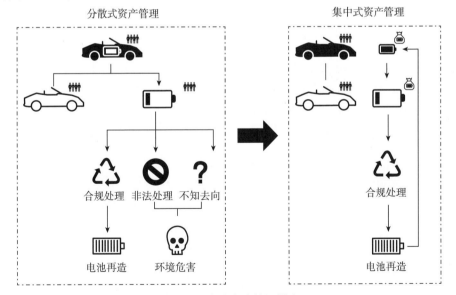

图 7-2　电池资产管理模式

（3）财务模型

电池资产投资、运营方式的改变以及电池回收的大规模应用，将彻底改变原先仅考虑初次采购成本的单变量财务模型。初次电池采购成本、所含关键元素价值、电池服役周期、电池报废残值、以及电池运营过程中产生的无形碳资产等，都将成为多元财务模型需要考虑的关键参数。针对现有已装机的电池类别（NCM，LFP，LMO），图7-3给出了大致的资产评价，这将有助于指导电池资产方更好地进行电池资产配置。

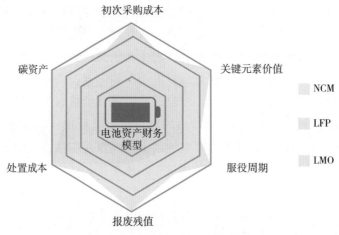

图 7-3　电池资产多元财务模型

7.2.2　新的应用场景

用电侧动力锂电池和电动汽车的数量近些年迎来了指数级的增长，庞大的用电量对电网端带来了新的挑战。供电侧的新能源电力如风电、光电，其输出会随着气候及时间而改变，具有容量小、数量多、布点分散、波动大的特点，亟需发展分布式储能技术。退役动力锂电池在衰减程度较轻（60%～80%残余容量）、安全合规的前提下，基于全生命周期动力电池状态 SOX（包括荷电状态 SOC、健康状态 SOH、峰值功率能力 SOP、内部温度状态 SOT 和安全状态 SOS）的追溯管理，通过退役电池梯次利用的技术突破，可以作为分布式储能工具，实现与输电网络的实时通讯、动态优化，在用电低峰时段从电网获取并存储电能，于高峰时段将电力输出返回电网，发挥"削峰填谷"的作用。根据电费调整其充电的速度和策略，同时让车主获取相应收益，推动个人储能与电网互动的良性可持续发展。由此，锂电池在多种新场景下的推广应用，将加快建设"源网荷储一体化"新型电力系统（图7-4）。

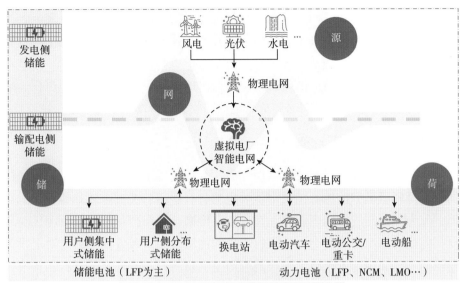

图 7-4　以新能源为能源主体、锂电池为能源载体的"源网荷储一体化"新型电力系统

7.2.3　助力"双碳"目标

　　锂电池是新能源电力的载体，是其发展过程中必不可少的关键组件，但其生产制造却是一个高能耗、高碳排的过程。欧盟委员会于 2020 年底发布的欧洲电池法规草案，在 2022 年正式立法执行已基本板上钉钉。草案中明确规定出口到欧盟以及在欧盟境内生产的电动汽车电池、轻型运输工具电池以及工业电池必须依据欧盟电池 PEFCR 方法进行碳足迹声明。其草案修正法案已于 2022 年 3 月 9 日在欧盟委员会高票通过，其中关于碳足迹的计算方法、碳足迹的等级区分以及碳足迹限值的披露时间，相较最初的草案均大幅提前。碳足迹建立性能分级时间由 2026 年 1 月 1 日提前至 2025 年 7 月 1 日。结合电池技术的发展，欧盟将限制碳足迹的上限，实施时间由 2027 年 7 月 1 日提前至 2027 年 1 月 1 日。同时新增条款赋予欧盟委员会按照市场情况修改碳足迹上限值的权利，同时在 ANNEX II Carbon footprint 部分增加了对数据质量的要求。更加严苛的欧盟电池新法实施在即，我国动力锂电池产业链协同降碳已迫在眉睫。

　　退役动力锂电池再生利用，将其重新加工成为电池材料并投入新电池的生产制造中，是降低电池全生命周期碳足迹的有效途径。当然，目前的电池回收技术，尤其是湿法回收工艺，与传统矿料的处理过程并无本质差异，虽然大幅减少了原生矿物开采、选冶等过程的碳排放，但在分离纯化生产过程的物料消耗、能源利用效率等方面仍有很大的提升空间。可以预见，在"双碳"背景和动力锂电池产业链持续降碳要求的驱动下，开发高效短流程、绿色低碳的电池回收工艺，势必将成为电池回收企业研发布局的重点。

7.2.4　升级材料价值

锂电池在经过长时间充放电循环后，容量出现不可逆的下降，导致同样的电池材料所承载的能源储量降低。电池材料所需的关键金属如锂、镍、钴等，作为我国的战略能源金属，对外依存度高，存在严重的战略资源供给风险，因此，迫切需要提升电池材料本身的能源资源承载效率。通过对退役锂电池的再生利用，可以将上一代的废旧电池材料，基于现有的材料制备改性技术，重新制造出下一代高性能电池材料，从根本上实现材料资源能源承载价值的升级。

从全生命周期角度出发，电池材料的评价模型将会被重新定义，需要综合考虑材料的电池性能（能量密度、使用寿命、安全性）、原材供应、制造成本、碳排放、环保性以及材料再生价值等多个方面的指标因素。针对现有已装机的电池材料类别（NCM，LFP，LMO），图 7-5 给出了粗略的模型评价。电池材料综合评价模型的建立，也为下一代电池材料的选择与设计提供了可持续的评价方法。未来先进电池技术如高镍无钴电池、钠离子电池、固态电池等，其电池材料在综合评价模型中均展现出特有的优势与潜力。例如，无钴电池材料和钠电材料在原材供应、制造成本、环保性、碳排放等多个方面均具有明显优势；固态电池技术，尤其是锂金属固态电池，将在能量密度、安全性、环保性、再生价值等多个方面提升电池材料的综合价值。在综合评价模型指导下，电池材料将在逐步升级迭代过程中实现最优化。

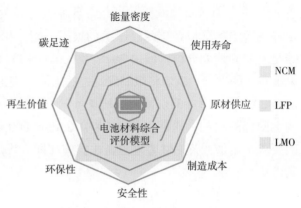

图 7-5　电池材料综合评价模型

7.3　绿色电池设计

建立健全动力锂电池全生命周期碳足迹溯源管理，实现从材料生产、组装制造、电池使用到再生利用回收全流程的碳排放数据记录与追踪。通过对数据的分析，识别高碳排环节，继而指导流程优化。进行电池的绿色设计，在设计生产之初优先考虑电池的环境属性（可拆卸性、可回收性、可维护性、可重复利用性等），并将其作为设计目标，在保证电池应有的基本性能、使用寿命和质量的同时，尽可能形成统一规范的电池结构体系，以达到高效便捷的电池回收，尽可能提升电池的资源和能源承载效率，减少潜在环境污染及污染处理成本，从而降低动力锂电池全生命周期碳排放，是实现电池产业链绿色闭环制造的重要手段。

目前最先进成熟的锂电池材料和组件面临的生态挑战主要包括[2]：高能耗材料生产（集流体、石墨和金属氧化物）、含氟和有毒化合物（电解液、正极粘合剂和金属氧化物）、昂贵的处理成本（正极使用有机溶剂）、高能耗电池生产和低回收率等（图7-6）。基于上述诸多问题，分别从锂电池原材料选取、材料生产、电池生产和回收利用等方面入手，在权衡绿色材料/工艺的环境效益和经济局限性之间，寻求最佳的绿色电池设计方案。

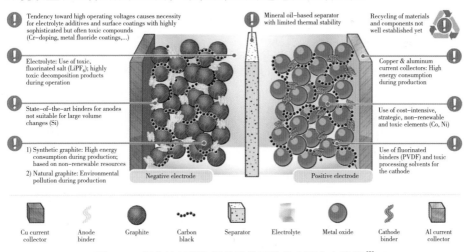

图 7-6　锂电池材料和组件目前面临的主要生态挑战[2]

7.3.1 电池原材料

（1）负极材料

石墨是锂电池中最常用的负极材料，主要包括天然石墨和合成石墨两种。为了提高人工合成石墨材料的可持续性，采用生物质或工业废料作为前驱体热解合成碳基负极材料逐渐引起人们的关注。此外，研究表明[3]，高比容量的负极材料（如硅负极、锂金属）对环境产生的负面影响更小。特别地，基于废旧硅晶片制备硅负极，更是未来降低负极材料碳排放的有效策略[4]。

（2）电解液

目前常用的碳酸酯类有机电解液，易燃易挥发且热稳定性有限，在使用过程中存在较大风险，且可回收性低。对电解液优化设计的一个重要方面是安全性。充放电过程中伴随的电阻加热、过充、锂枝晶造成的短路，均会使得电池内部温度急剧上升引起热失控，导致电解液的分解释放气体，损坏电池，甚至引起火灾或爆炸。在电解液中加入添加剂、阻燃剂等，可以提高电池的运行安全性，但这也增加了电解液的复杂性，造成后续回收过程中，电解液回收再利用比较困难。为便于电解液的回收利用，在不影响性能条件下，尽可能统一电解液成分或主成分，亦或采用各组分容易分离的电解液。离子液体一般被认为"绿色溶剂"，与有机溶剂相比，离子液体更易于回收，有望提高退役锂电池的电解液回收率。因此，探索开发低成本离子液体是一重要的研究课题。

（3）粘结剂

聚偏氟乙烯（PVDF）因具有良好的电化学稳定性和粘接性能，被广泛用作锂电池正极材料粘结剂。不足的是，它只能在少数有机溶剂内溶解。目前普遍采用有毒溶剂 NMP，其价格昂贵，导致电池生产和回收成本较高。一些水溶性粘结剂如羧甲基纤维素（CMC）和丁苯橡胶（SBR）已经尝试应用于负极材料的制备过程，有效降低生产成本，提高生产和回收的安全性。然而，因多数正极材料的水敏感性和水系粘结剂自身的高压不稳定性，使其在正极制备中的使用十分受限。在考虑回收的基础上，粘结剂在使用过程中的稳定性和寿命结束时的可溶解性之间存在二分法。粘结剂的选取，不仅会影响电池性能的发挥，还直接关乎后续电池材料分离回收的难易程度。基于此，对于无粘结剂的自支撑电极的开发也逐渐成为未来重要的发展趋势。

（4）正极材料

目前，三元材料（NCM 和 NCA）综合性能优于其他材料，构成了锂电池正极材料的主体。因此，锂电池的关键原材料如 Li、Co 和 Ni 均与正极材料相关，占据了锂电池成本的三分之一。其中，Co 和 Ni 都被归为致癌性、生殖毒性物质。并且，Co 是成本主导因素，在中非某些地区金属 Co 的开采引发了诸多道德和环境方面的担忧，如不达标的采矿条件以及使用童工等现象。因此，对电池原材料的溯源建立一个"可持续性"标签（碳足迹、道德足迹等）是目前较为可行的一种方法。图 7-7 显示了目前多数正极材料的可持续性和技术成熟度[5]。在技术较为成熟的正极材料中，LFP 和 LMO 材料可持续性较高，尽管其能量密度与市场目标需求相差较远，但从全生命周期的角度考虑，这类电池在未来市场中仍具有一定的发展空间。此外，对于低钴、无钴化正极材料如 LNMO 和 LMR-NCM 等，作为未来可持续正极材料的候选之一，也正逐渐引起人们的关注。

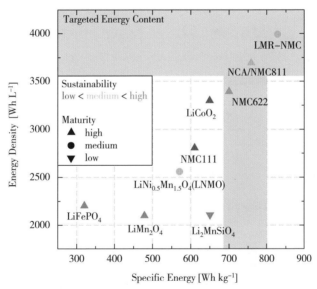

图 7-7　目前锂电池正极材料的可持续性和技术成熟度，按颜色和符号评估[2, 5]

掺杂包覆是正极材料改性制备的常用手段，在提高电池材料性能的同时，也给后续的回收纯化带来很大困难，主要的问题是：掺杂成分多样、含量不同，并且电池制造企业和回收企业之间存在大量信息孤岛，现行的回收产线设计多以纯净化学品为最终产品，对市售的杂质成分还没有稳妥的分离方案。结合材料制备回收再生全工艺来看，掺杂—除杂也带来了工艺的冗余和资源的浪费。材料设计过程中，在考虑性能、成本、稳定性等指标的同时，应该加入主 - 杂元素可分离度、杂质对环境的影响等指标参数，同时在一定层面上做到信息互通，进而指导优化材料回收工艺。

　　基于廉价金属（钠、钾、钙、镁、铝、锌等）或有机物活性材料的"后锂"电池技术的发展，在缓解锂资源短缺问题方面展示出巨大的潜力。电池技术的革新不仅会缓解材料供应问题，在电池结构上也会产生较大影响。例如，如图 7-8 所示的一种新型双离子电池[6]，采用相同的正负极集流体和活性材料，这样一种对称电池结构，将会大大简化电池制造过程，从而降低电池生产成本和回收成本。

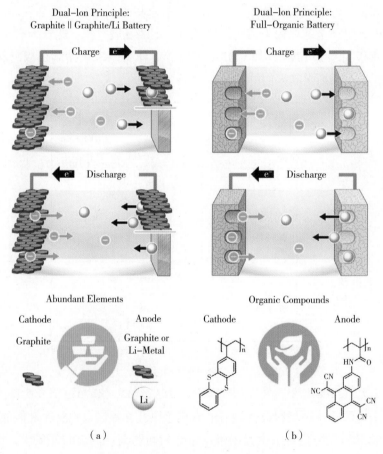

图 7-8　双离子电池结构组成示意[2, 6]

7.3.2　材料生产

　　电池材料成本很大一部分是由材料合成过程决定的。目前多数正极材料常用的制备方法为高温固相合成法，此方法能耗大且成本高。相应地，水

（溶剂）热合成、声波和微波辅助合成以及离子热合成等低温合成方法陆续被开发出来。最新研究表明，离子热法可以显著降低已知电极材料的合成能耗，例如，磷酸盐和硅酸盐可以在近 200℃ 的温度下合成出具有特定优良形貌的结构，相比传统高温固相反应温度降低了约 500℃ [7]。尽管离子热法采用了一种看似不经济的离子液体作为反应媒介，但离子液体易回收的特点也使得该方法的环保性得到提高。进一步地，研究人员仿照生物系统寻找接近室温的电池材料合成方法。例如，Belcher 研究团队 [8] 采用基因工程病毒作模板，在室温下快速制备出 $FePO_4$ 单壁碳纳米管材料。目前此方法还不能用于合成锂基电池材料，但由于其规模放大可行性高，为低成本锂电材料的合成提供了新方向。总之，采用低能耗合成方法并且避免有毒溶剂的使用，是优化材料生产过程碳足迹的有效途径 [9, 10]。

7.3.3　电池生产

7.3.3.1　单体电池

在单体电池制备工艺方面，其优化设计主要集中在对电池能量密度和功率密度的提升方面 [11]。Ramadesigan 等 [12] 基于多孔电极模型采用差异化电极空隙分布的方式减少电极的电压损失。对于一定数量的活性材料，通过调整电极孔隙率，可以降低 15%～33% 的欧姆电阻，从而提高电极存储和传输能量的能力。Golmon 等 [13] 提出了一个优化电极布局的多尺度锂电池计算模型，通过控制电极粒子的局部孔隙率和粒子半径，在限制电极粒子应力水平的条件下，最大限度地提高了锂电池的使用容量。Xue 等 [14] 提出了一种在满足特定功率密度要求前提下，实现电池能量密度最大化的锂电池设计数值框架。因此，通过单体电池制备工艺的优化，可以实现单体电池能源承载效率的显著提升。

在单体电池结构设计上，近期研究表明，电极之间的聚合物隔膜可以作为一种回收分离电极活性材料的方法。Li 等 [15] 将隔膜设计成一种 Z 型折线在正负极之间交替缠绕，利用一套配备有夹钳和一系列撇渣器的真空输送机的装置，可以实现正负极片的完美分离（图 7-9）。因此，对电池结构的优化设计，可以显著提高电池材料的回收分离效率。

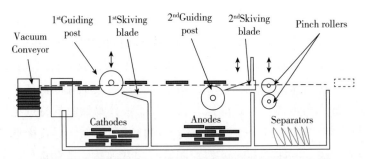

图 7-9　从锂电池中分离正极、负极和隔膜的装置示意 [15]

7.3.3.2　电池组

在电池组结构层面，通过几何结构（拓扑、尺寸、布局等）优化，使用面向拆卸 / 装配的设计方法和工具，可以提升电池组在使用维护和报废回收过程中的拆卸性能 [16]。图 7-10 显示了一种电池组结构简化方式，通过改变电极连接器标签的几何形状，将相同极性的电极连接在一起 [17]。如此一来，退役电池经切割后，可以简单地将正负极片分开，并且易于分离回收聚合物隔膜。比亚迪（BYD）设计开发的刀片电池结构 [18]，可以省去独立模块和粘结剂的使用，并且赋予电池组较强的结构强度。这种无模块化 CTP（Cell to Pack）封装技术的出现，使得电池拆卸更为容易，便于实现机器人的自动化装配和拆卸生产线设计。

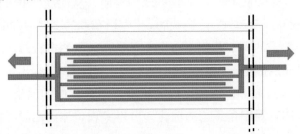

图 7-10　电池单体结构简化拆卸示意（虚线表示切割点）[17]

电池生产标准化的建立同样也是提高其回收效率的重要举措。在电池单体结构上，目前市场上常用的三种结构为圆柱型、方壳型和软包，规格的统一对电池的高效回收利用具有重要意义。其次，电池组模块化连接类型和封装设计的标准化，也便于使用统一的工具进行拆卸 [19]。此外，电池包装标签的完善也是必不可少的，其中包括对正负极材料、电解液等组成信息的显示，可以使不同类型的电池在拆卸前被分离开来，避免不同材料交叉污染的风险。

7.3.3.3　电池系统

在电池系统层面，主要是对电池管理系统和冷却系统的优化。电池的寿命取决于电池化学、充放电方式（最大充电电压、充电电流、充电倍率等）、使用温度和循环次数等多个因素[20]。电池管理系统必须包括对电池充放电参数的监控，以提供电池容量衰减信息，具备故障诊断功能，对电池性能异常及时作出警告。通过建立电池性能分析模型[21]，可以实现对电池使用寿命更加精确的预测，从而为电池的资产管理与退役再生利用提供关键依据。电池的冷却系统优化，可以缓解由极端热条件和电池性能衰减造成的热失控，从而提高动力锂电池的安全运行[22]。尽管这部分组件通常会增加电动汽车的能耗，但基于安全性能的考虑，电池本身的"绿色度"仍会大大提升。

7.3.4　电池"护照"

为了更好地对投放到市场上的电池进行溯源、监控和透明度管理，欧盟电池法草案要求从 2026 年 1 月 1 日起对在欧盟市场销售的所有轻型运输工具电池，电动汽车电池和工业电池单独配备电子文档，即"电池护照"，以二维码形式印制在电池之上。"电池护照"可使用终端设备进行扫描，根据设备权限高低，从而获取不同深度的内容，如电池型号、特性等基本信息，以及电池处置方法、电池化学成分等敏感信息。

GBA（Global Battery Alliance）提出通过建立"电池护照"运营平台，以可视化的方式对电池进行全生命周期溯源管理（图 7-11），而美国橡树岭（Oak Ridge）国家实验室建议在回收阶段通过"电池护照"实现更加科学高效的管理（图 7-12）。

由于当下梯次利用行业规范不成熟，缺乏有效的电池检测分选技术，以及市场监管力度不足导致的安全隐患等问题，动力锂电池梯次利用的可行性仍然存在争议。然而，随着动力电池"护照"的建立与推广，电池在全生命周期中的任何数据均可以溯源追踪，这就为梯次利用行业的规范化、规模化市场运营提供强有力的基础支撑。未来，梯次利用也将成为退役动力锂电池回收处理的重要一环，与锂电池再生利用技术，共同助力新能源产业链绿色低碳可持续发展。

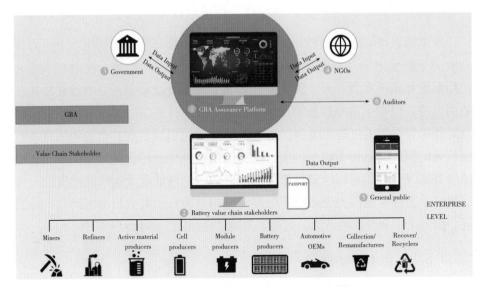

图 7-11　GBA "电池护照"平台设想 [23]

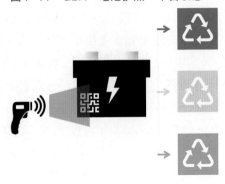

图 7-12　橡树岭实验室 "电池护照" 二维码，用于回收阶段高效处理 [24]

参考文献

[1] 起点锂电大数据，宁德时代 /LG/ 中航锂电前三，全球动力电池规划产能已超 3.1TWh[EB/OL]. （2021-08-14）. [2021-12-20]. https://www.163.com/dy/article/GHCHSBLG0552CENS.html.

[2] Dühnen S, Betz J, Kolek M, et al. Toward green battery cells: perspective on materials and

technologies[J]. Small Methods, 2020, 4(7): 2000039.

［3］ Wu Z, Kong D. Comparative life cycle assessment of lithium–ion batteries with lithium metal, silicon nanowire, and graphite anodes[J]. Clean Technologies and Environmental Policy, 2018, 20(6): 1233–1244.

［4］ Jagdale P, Nair J R, Khan A, et al. Waste to life: Low–cost, self–standing, 2D carbon fiber green Li–ion battery anode made from end–of–life cotton textile[J]. Electrochimica Acta, 2021, 368: 137644.

［5］ Andre D, Kim S J, Lamp P, et al. Future generations of cathode materials: an automotive industry perspective[J]. Journal of Materials Chemistry A, 2015, 3(13): 6709–6732.

［6］ Placke T, Heckmann A, Schmuch R, et al. Perspective on performance, cost, and technical challenges for practical dual–ion batteries[J]. Joule, 2018, 2(12): 2528–2550.

［7］ Recham N, Armand M, Laffont L, et al. Eco–efficient synthesis of $LiFePO_4$ with different morphologies for Li–ion batteries[J]. Electrochemical and Solid–State Letters, 2008, 12(2): A39.

［8］ Lee Y J, Yi H, Kim W J, et al. Fabricating genetically engineered high–power lithium–ion batteries using multiple virus genes[J]. Science, 2009, 324(5930): 1051–1055.

［9］ Thompson D L, Hartley J M, Lambert S M, et al. The importance of design in lithium ion battery recycling–a critical review[J]. Green Chemistry, 2020, 22(22): 7585–7603.

［10］ Mendil M, De Domenico A, Heiries V, et al. Battery–aware optimization of green small cells: Sizing and energy management[J]. IEEE Transactions on Green Communications and Networking, 2018, 2(3): 635–651.

［11］ De S, Northrop P W C, Ramadesigan V, et al. Model–based simultaneous optimization of multiple design parameters for lithium–ion batteries for maximization of energy density[J]. Journal of Power Sources, 2013, 227: 161–170.

［12］ Ramadesigan V, Methekar R N, Latinwo F, et al. Optimal porosity distribution for minimized ohmic drop across a porous electrode[J]. Journal of The Electrochemical Society, 2010, 157(12): A1328.

［13］ Golmon S, Maute K, Dunn M L. Multiscale design optimization of lithium ion batteries using adjoint sensitivity analysis[J]. International Journal for Numerical Methods in Engineering, 2012, 92(5): 475–494.

［14］ Xue N, Du W, Gupta A, et al. Optimization of a single lithium–ion battery cell with a gradient–based algorithm[J]. Journal of The Electrochemical Society, 2013, 160(8): A1071.

［15］ Li L, Zheng P, Yang T, et al. Disassembly automation for recycling end–of–life lithium–ion pouch cells[J]. Jom, 2019, 71(12): 4457–4464.

［16］ Gaines L, Dai Q, Vaughey J T, et al. Direct recycling R&D at the ReCell center[J]. Recycling, 2021, 6(2): 31.

[17] Thompson D L, Hartley J M, Lambert S M, et al. The importance of design in lithium ion battery recycling–a critical review[J]. Green Chemistry, 2020, 22(22): 7585–7603.

[18] BYD Company Ltd., BYD's New Blade Battery Set to Redefine EV Safety Standards, http://www.byd.com/en/news/2020–03–30/BYD%27s–New–Blade–Battery–Set–to–Redefine–EV–Safety–Standards, (accessed 19 June 2020).

[19] Soo V K. Life Cycle Impact of Different Joining Decisions on Vehicle Recycling[J]. 2018.

[20] Song T, Li Y, Song J, et al. Airworthiness considerations of supply chain management from Boeing 787 Dreamliner battery issue[J]. Procedia Engineering, 2014, 80: 628–637.

[21] Dubarry M, Svoboda V, Hwu R, et al. A roadmap to understand battery performance in electric and hybrid vehicle operation[J]. Journal of Power Sources, 2007, 174(2): 366–372.

[22] Jarrett A, Kim I Y. Design optimization of electric vehicle battery cooling plates for thermal performance[J]. Journal of Power Sources, 2011, 196(23): 10359–10368.

[23] Global Battery Alliance, GBA Battery Passport[R]. (2021–6–29). [2022–03–30].

[24] Oak Ridge National Laboratory, Recycling–A batteries passport[EB/OL]. (2021–04–05). [2022–03–30]. https://www.ornl.gov/news/recycling–batteries–passport.

后　记

本书中涉及的行业信息均是基于公开资料整理而成，其中，大部分内容得到了业内相关单位和技术专家的指导、修改与确认。在此，特别感谢下列专家学者为本书出版提供的支持与帮助！

姓名	单位名称
何鲁华	长沙矿冶研究院
杨彩	长沙矿冶研究院
刘依卓子	长沙矿冶研究院
余海军	广东邦普循环科技有限公司
谢英豪	广东邦普循环科技有限公司
肖巍	浙江华友钴业股份有限公司
张宇平	格林美股份有限公司
肖松文	湖南顺华锂业有限公司
赵卫夺	湖南顺华锂业有限公司
宁志敏	赣州市豪鹏科技有限公司
孔繁振	浙江天能新材料
崔星星	浙江天能新材料
张志文	深圳深汕特别合作区乾泰技术有限公司
王璋琦	Accurec Recycling GmbH
刘晨	BHS–Sonthofen GmbH
吴海波	Li–Cycle Holding Corp.
David Li	Li–Cycle Holding Corp.